土壤与健康知识问答

闫 成 陈能场 高 戈 等／著
孙慧雯／绘

TURANG YU JIANKANG
ZHISHI WENDA

中国环境出版集团 · 北京

图书在版编目（CIP）数据

土壤与健康知识问答 / 闫成等著. -- 北京 : 中国环境出版集团，2023.5
ISBN 978-7-5111-5507-8

I. ①土… II. ①闫… III. ①土壤环境－关系－健康－问题解答 IV. ① X144-05

中国国家版本馆 CIP 数据核字（2023）第 080940 号

出 版 人 武德凯
责任编辑 丁莞歆
装帧设计 金 山

出版发行 中国环境出版集团
（100062 北京市东城区广渠门内大街 16 号）
网 址：http：//www.cesp.com.cn
电子邮箱：bjgl@cesp.com.cn
联系电话：010-67112765（编辑管理部）
010-67147349（第四分社）
发行热线：010-67125803，010-67113405（传真）
印装质量热线：010-67113404

印 刷 玖龙（天津）印刷有限公司
经 销 各地新华书店
版 次 2023 年 5 月第 1 版
印 次 2023 年 5 月第 1 次印刷
开 本 787×960 1/16
印 张 6
字 数 80 千字
定 价 39.00 元

著作组成员

闫　成　陈能场　高　戈　郑顺安

李晓华　吴泽嬴　倪润祥　周　玮

郑　超　张爽爽　马建忠　吴　欣

高梦绯　宋　彪

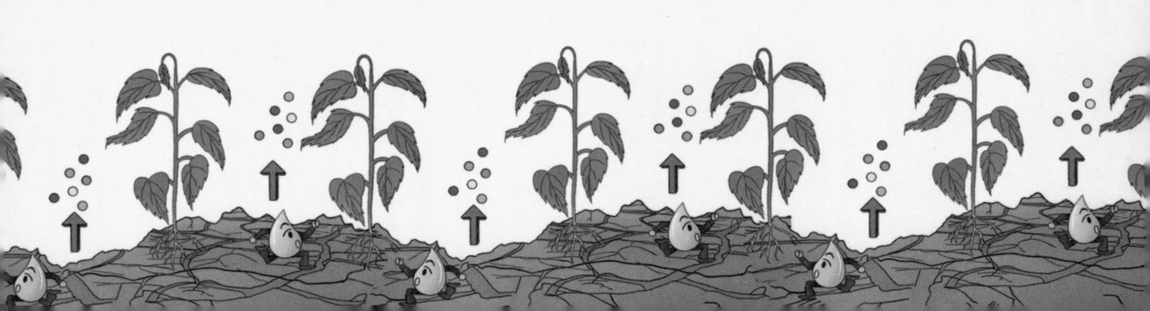

前 言

“万物土中生”，土壤是人类赖以生存与发展的重要物质基础。土壤健康安全是农产品质量安全的根本保障，农用地土壤污染不仅威胁食品安全，还会对人体健康和生态环境安全造成威胁，进一步加剧我国的人地矛盾，成为“美丽中国”建设的一块短板。

2014年，环境保护部和国土资源部发布了《全国土壤污染状况调查公报》。调查结果显示，全国土壤环境状况总体不容乐观，部分地区土壤污染较重，耕地土壤环境质量堪忧，全国土壤总的点位超标率为16.1%。因此，必须要采取有效措施遏制当前土壤资源向不利态势转变的趋势，保护土壤健康，保障粮食供应和维护生态环境。

目前，我国对土壤环境质量健康的研究正在逐步趋于完备。对于土壤健康的概念还没有一个统一的定义，常用的定义是由土壤质量变化而来的，两者之间虽然有很多相似之处，但是有研究者认为土壤质量通常用来代表静态的土壤状态，土壤健康则是一段时间内动态的土壤状态。德国M-SQR评价系统、美国康奈尔土壤健康评价指标体系、Lan son土壤健康评价指标体系、Wien hold土壤健康评价指标体系等都是常见的土壤健康评价指标体系，它们主要通过一些可以代表土壤性质和特征的指标来评估土壤

健康状态。在农业农村现代化建设的背景下，规模化经营模式日益丰富，在带来快速发展的同时也造成了农药、化肥过量施用，重金属、抗生素、持久性有机污染物等残留的问题，加重了面源污染问题，对土壤健康的影响不可小觑。因此，要注重绿色农业和生态农业的发展，改善农田土壤环境的健康状况。

为了进一步提升公众对土壤健康的认识，《土壤与健康知识问答》在全面介绍土壤环境基础知识的前提下，以土壤健康和人体健康为焦点，以简单明了、图文并茂的方式介绍了相关内容，旨在普及和宣传保护土壤健康与人体健康方面的基础知识。

由于专业知识储备和时间有限，书中难免存在疏漏与不当之处，有待今后进一步研究完善，也敬请读者和同行批评指正，并提出宝贵建议，以便我们及时修订。

本书著作组

2022年12月29日

目　录

CONTENTS

第一章　土壤基本知识

第二章 土壤矿物质元素与人体健康

第三章 土壤重金属污染与人体健康

第四章 土壤POPs污染与人体健康

第五章 土壤抗生素及其抗性基因与人体健康

第六章　土壤生物与人体健康

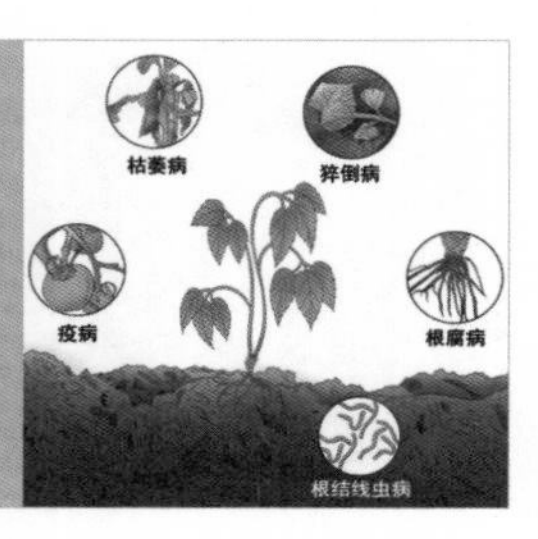

第一章

土壤基本知识

1. 什么是土壤?

土壤是指地球表面的一层疏松的物质，厚度一般在2米左右，由固体、空气和水分组成，其中固体部分主要来自土壤发育岩石母体的原生和次生矿物颗粒，以及生物（动植物和微生物）活体和残体留下的有机质。土壤中这三类物质构成了一个矛盾的统一体，它们互相联系、互相制约，为作物提供必需的生活条件，是土壤肥力的物质基础。

2. 理想的土壤由什么构成?

理想的土壤中，固体占50%，空气和水分各占25%。固体中矿物质部分占45%左右，余下的5%左右为有机质，其中各种活动的生物有机质占10%，根系有机质占10%，已经转化为稳定的高分子的“死的”有机质占80%左右。在这些组分中，能够影响土壤健康、由人类调节的土壤部分是有机质，它是土壤活力的核心。

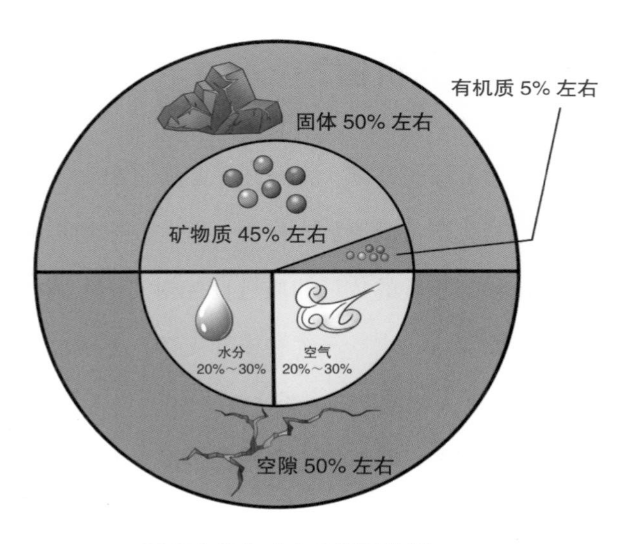

理想土壤各成分的体积比例

3. 耕地健康的本质是什么?

健康的耕地拥有健康的耕作土壤，是一个可以进行可持续且稳定的耕地资源利用的生态系统。耕地健康的本质至少包括以下四个方面：

一是耕地本体健康，即土壤肥力和土壤自净能力能够得以维持；

二是耕地母体健康，即耕地在作物播种期足以支持作物全生命周期的健康生长，在作物收获期可以保证农产品质量安全；

三是耕地受体健康，即在农业耕作过程中要保证进入耕地的水、肥、药沉降物不使耕地被污染、被损伤；

四是耕地系统健康，即耕地作为一个自然生态系统所排放的物质不致对自然环境造成危害，对于系统性的能量残余能够完全消化分解。

4. 健康的土壤有什么价值？

健康的土壤是食物系统的基础，并且几乎是所有粮食作物赖以生长的介质。健康的土壤才能生产出健康的农作物，这些农作物再滋养人类和动物。事实上，土壤质量与粮食的数量和质量直接相关。土壤提供了粮食作物蓬勃生长所需的必要养分、水、氧气和根部支持，土壤也保护了纤弱的植物根部，使其免受温度大幅波动的影响。

健康的土壤是一个活性、动态的生态系统，富含大大小小的有机体，具备众多至关重要的功能，诸如将死亡、衰败的物质及矿物质转换成植物所需的养分（养分循环）；控制植物病害、虫害，通过积极影响土壤保湿能力及肥力来改善土壤结构，并最终提升作物产量。健康的土壤也能通过维持或增加碳含量来缓解气候变化带来的影响。

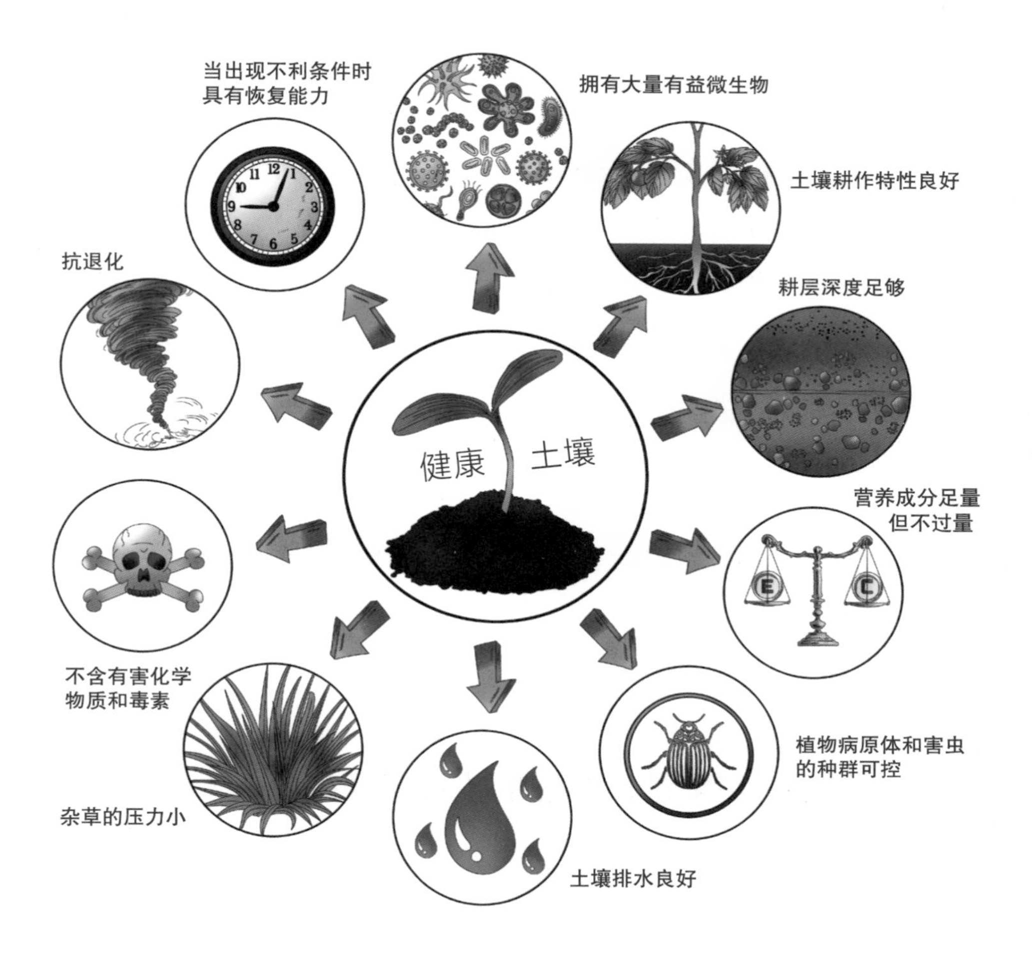

5. 土壤健康与人体健康有什么关系?

人与土壤，乍一看似乎没有多大关系，但“民以食为天，食以土为源”，土壤是我们食物的重要来源。

粮食安全是人类健康的中心，生产出足够产量且具有丰富营养的作物在很大程度上取决于土壤的特性和条件，尤其是当土壤具备发达结构、充足有机物质及其他有利于促进作物生长的物理和化学特性时，更能增加产量。因此，土壤对于粮食安全至关重要。

人类通过食物补充营养，而食物的营养，尤其是农作物，则主要靠土壤中的矿物质和有机质补充，土壤中含有的氮、磷、钾、钙、镁、硫、铁、硼、钼、锌、锰、铜和氯等各种矿物质营养元素可以直接或经转化后被植物根系吸收。因此，从某种意义上来说，人类的身体健康与土壤有着密切关系。

可当前的事实是，为了提高生产力，我国大部分土壤被过度开发，甚至有些被过量施以化学肥料、农药等，导致土壤板结、土壤结构被破坏、土壤里的有益微生物大量死亡……农作物从土壤中获得的有机质大大降低，能提供给人们的营养也相应减少。

6. 目前我国耕地健康存在的主要问题是什么？

目前，我国耕地健康存在的主要问题如下[1]：

①**城镇化快速发展严重挑战耕地健康管理**。我国目前正处于城镇化过半阶段，2021年年末我国常住人口城镇化率为64.72%，比2020年年末提高了0.83个百分点。工业化方面，我国已成为世界的制造大国，2012—2021年工业增加值年均增长率达6.3%。我国城镇化处在粗放扩张向绿色发展转型的阶段，产业结构同样处在向生态环境友好的高端产业转型的阶段，城市、工业系统向耕地系统输送了大量有害健康的物质，而且短期内还会进一步增加，耕地的健康状况面临巨大挑战。

②**自然灾害频繁发生严重威胁耕地健康。**近年来，自然灾害在农业方面的发生率逐年递增，灾害种类、危害程度和受损面积也逐年增大。汶川地震期间，局部地区伴生了泥石流、山体滑坡等次生灾害，导致耕地绝对量有所减少，地震使50.46万亩[1]耕地遭到破坏，受灾耕地面积占2007年四川省耕地总面积的0.49%，受损土壤含水量和土壤孔隙度降低，土壤氮素、磷素、速效钾和有机质含量明显低于未受损土壤，并且在短期内很难恢复。

③**不良耕地利用严重损害耕地健康。**中华人民共和国成立初期，部分地区开始毁林开荒造地，虽然随后又启动退耕还林工程，但目前我国还有6500万亩陡坡耕地、4000多万亩严重沙化耕地在耕作，造成严重水土流失。由于长期无节制地开采地下水，以保定、衡水、沧州等地为中心的华北平原区形成多个漏斗群，对土壤厚度及土体构型造成严重破坏，并衍生出一系列次生灾害和环境地质问题。我国化肥、农药等现代投入品的施用量已跃居世界第一位，但在有效利用率方面，投入品中约70%渗透至土壤，使其受到污染。耕地退化、耕地板结、耕地污染等区域性生态问题日益显现。

④**制度不健全难挽土壤退化趋势。**我国实行最严格的耕地保护制度，但核心制度的设计依然是数量管理，耕地质量和耕地健康管理的制度设计很不严密。耕地质量与耕地健康保护、利用、建设的约束激励机制基本没有建立，缺乏对影响耕地质量、耕地健康的关键核心指标的调查监测与评价。耕地质量、耕地健康法律不健全，奖惩制度缺乏立法保障，在责任主体、管理职责边界等方面缺乏制度安排和组织建设。

---

① 1 亩＝1/15 公顷。

7. 如何保护耕地健康?

耕地健康是系统健康，需要整体保护、系统修复、综合治理[1]。

①**加强永久基本农田划定与管理。**自1986年实施以来，我国基本农田制度已经有了30多年的历史。党的十七届三中全会更是为基本农田冠以“永久”之名，表明了中国呵护“饭碗田”、捍卫生命线的坚定意志和坚强决心。优先对永久基本农田采取分类管理、实施用途管制是十分必要的。对于高等级、无污染的永久基本农田，要实施优先保护；对于中低等级、有轻度污染存在的永久基本农田，要进行安全利用，同时加强在安全利用过程中的自然恢复和耕地健康建设，使有效耕作层变厚、土壤有机质增加、农田健康防护体系完善，减少农业生产过程中对耕地健康的损耗，逐步提高耕地健康水平；对于中重度污染的永久基本农田，要开展严格管控，直至其退出农业生产。

②**拓展高标准农田建设内容。**《中华人民共和国国民经济和社会发展第十四个五年规划和2035年远景目标纲要》要求，“十四五”末建成10.75亿亩集中连片高标准农田。《全国国土规划纲要（2016—2030年）》提出，到2030年建成12亿亩高标准农田。必须承认，我国一些地方高标准农田的建设内容不完善、工程措施不配套，难以达到国家标准，建后的管护机制也亟待健全，一些地方存在重建设、轻管护的问题，未能有效落实管护责任，管护措施和手段薄弱，后续监测评价和跟踪督导机制不完善，日常管护不到位，设施设备损毁后得不到及时有效修复，常年带病运行，工程使用年限明显缩短。

③**推动土地科技创新。**我国耕地长期持续高强度利用的严酷现实是其

他国家没有的，先进国家也不可能为我们研发这项关键核心技术，我国土地资源安全与管控的关键核心技术只能依靠中国科学家来完成。呵护耕地健康、投资自然资本是关系中华民族生存发展的战略科技创新工程，必须做好顶层设计，切实组织实施好。

8. 现代农业生产中的恶性循环是什么？

我国人多地少，因此提升产量是我国农业生产的重要目标之一。自从化肥和农药出现后，其施用量难以控制，当作物长得不好时农民便向田里施加肥料，而不管是不是施对了肥；当发现作物长虫时，便对作物喷洒农药，而不管是高毒农药还是低毒农药。

长此以往，肥料和农药便形成了恶性循环：大量施肥造成了土壤板结和酸化，导致土壤不健康，进一步导致作物生病，造成植物的不健康，因此又需要喷施农药；农药的使用减少了甚至杀死了很多土壤微生物和细菌，使土壤中的很多生物过程减慢或停止，造成土壤的保肥、供肥能力下降，为了提高产量，农民又不得不施用更多的肥料。我国农业生产正陷入这样一个恶性循环中。

虽然我国粮食产量连续7年超过1.3万亿斤[①]，2021年又再创历史新高，但肥料和农药的施用也在同步增长。土壤，曾经是一个富有活力的生态系统，现在已经降低甚至失去了其应有的保肥、保水的功能，变成了单纯的植物生长的支撑物质。

---

① 1斤=500克。

9. 土壤中的污染物是如何到达人体的?

土壤与人体之间，存在着多条暴露途径。

①**食物链途径**。民以食为天，自然食物链是影响人体健康最重要的途径。例如，土壤中的镉主要通过食物链的方式进入人体。镉能被农作物或者水生动物从环境中吸收，并通过食物链一步步积聚，最终进入我们餐桌上的食物中。

②**土壤途径**。处于大地之上的我们每天都会或多或少接触到一点点土壤，其主要途径包括室外或室内吸入、食入、室外或室内直接接触等。在一些土壤接触的健康风险评估中，通常会设定一定的土壤接触量来进行评

估，如日本二噁英的健康风险评估以每天摄取15毫克土壤进行估算。

③**气体途径**。污染土壤还可以通过室内或室外有毒气体的挥发作用于人体。例如，在未妥善进行污染治理的土地上建设住宅，此时气体途径就成为一个最危险的陷阱。对于挥发性有机毒物，气体途径不可忽视。

④**水途径**。土壤中的污染物质可以溶解于水，再通过饮用、洗澡接触、洗澡时蒸汽吸入等途径来影响人体。

10. 什么方法可以使土壤健康并提升其价值?

①**消除耕作**。此方法可以减少有机物的损失，减少压实的影响，并用植物残留物保护土壤表面。

②**多样化作物轮作**。此方法可以增加高产秸秆作物种类，为土壤表面提供各种独特的根系结构和残留物种类。

③**尽可能覆盖作物**。覆盖作物有多种益处，包括侵蚀控制、杂草抑制、补充牧草、减少压实、提高肥力及其他。

④**营养管理（4R）**。其核心概念是在正确的时间、正确的位置以正确的使用量施加正确的植物营养元素。

11. 土壤中的有机质有什么作用?

土壤有机质泛指土壤中以各种形式存在的含碳有机化合物，主要是富里酸、胡敏酸和胡敏素等腐殖物质。有机质是土壤活力的核心，影响着土壤养分、水分、质地结构等方面。

有机质是土壤养分的储藏库。据估算，1%的土壤有机质相当于每亩含有18千克养分。同时，土壤有机质还可以衡量土壤保肥能力。有研究表明，当土壤中的有机质从2%降低到1.5%时，土壤的保肥能力将下降14%。

土壤有机质影响水分的存储。一块面积为40平方米、深度为2.5厘米、含2%的有机质的土地，其储水量可达12.1万升。有机质含量为5%和8%的土地可分别储水30.3万升和48.5万升。当有机质含量从1%升至3%时，土壤的保水能力将增加6倍。

土壤有机质也影响着土壤的质地和结构。有机质丰富的土壤可以形成大量稳定的有机/无机复合体，具有良好的土壤结构，不仅抗土壤侵蚀，也为根系提供理想的水分和空气条件。

最主要的是，土壤有机质是土壤中各种大大小小生物的碳源和能源。

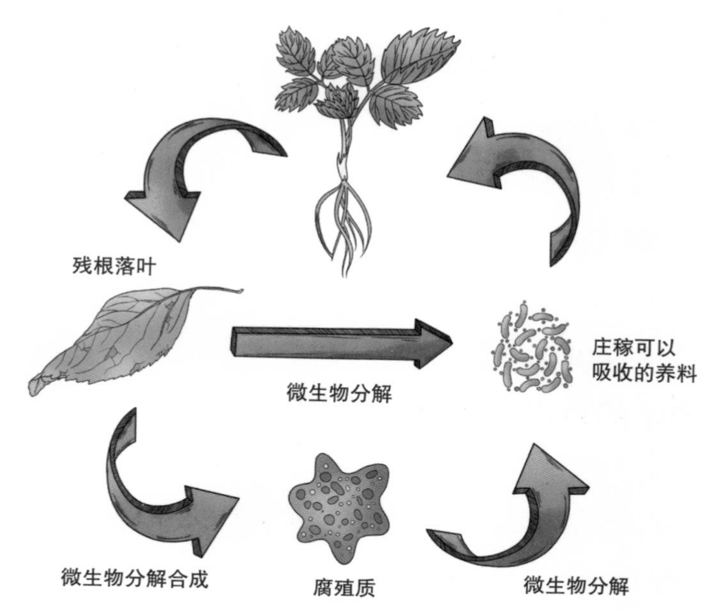

有机质的分解与合成示意图

有机质含量丰富的土壤会形成庞大的食物网，构建健康的生态系统，这个庞大的生态系统是土壤活力的来源，在从养分转化到病虫害控制等方面都起着极为重要的作用。

12. 我国有哪些构建健康土壤的典型案例?

构建健康土壤的原理相同，但道路各异。

我国吉林省梨树县地处松辽平原腹地，位于世界“三大黑土带”（东北平原、乌克兰平原与美国密西西比河流域的黑土带）和“黄金玉米带”（北纬45度附近区域是玉米的最佳生长区，并在全世界范围形成了乌克兰、美国、中国吉林三大“黄金玉米带”）上。

由于重利用、轻保护及不合理耕作与种植方式，再加上养分的补充仅靠施用化肥，忽视有机物料的补充，梨树县土壤侵蚀加剧，土壤有机质含量下降，土壤结构恶化，土地出现板结化。仅30多年时间，“黄金玉米带”的黑土厚度已由60～70厘米减少到20～30厘米，黑土层厚度20厘米以上的耕地仅占吉林省黑土耕地的30.5%，18～20厘米的黑土耕地占吉林省黑土耕地的42.3%。据测算，吉林省平均每年损失黑土表层0.4～0.5厘米，属中、强度侵蚀。如不加紧治理，再过50年黑土地将流失殆尽，耕地将失去生产能力，世界闻名的“黄金玉米带”将不复存在。

中国农业大学、中国科学院沈阳应用生态研究所、东北地理与农业生态研究所从2007年起在梨树县开展了深入的试验，在土壤健康构建和维持上终于走出了一条独特的路子，并逐渐提升为一种模式，目前被广泛称为“梨树模式”。

该研究在总结国外免耕栽培技术的基础上，结合吉林省实际创建了适合我国国情的玉米秸秆覆盖全程机械化免耕栽培技术。这种免耕栽培的基本做法是，收获后将玉米秸秆完全留在农田，春季免耕或者少耕播种，一次性完成开沟、施肥、播种、覆土和镇压等作业，从耕种到田间管理全程机械化，并实现土地部分休耕。这种栽培方式不仅能保持土壤水分、提高地力，而且解决了秸秆焚烧导致的土壤退化及衍生的环境问题，保证了农业可持续发展，是一场实实在在的玉米种植业革命。

另外一个“本土化改良”的接地气的技术是宽窄行种植，也就是结合东北地区秋冬季地温低的特点，对美国秸秆覆盖还田模式进行改良，将两垄或三垄玉米合并种两行，中间行距有宽有窄，宽行条带覆盖秸秆，有苗的地方不覆盖秸秆。“粮食产量不减，农民易接受，养地效果更好。宽行、窄行隔年交替种植，还具有休耕效果。”这种“本土化改良”的宽窄行种植技术正体现了我国黑土地保护的独特之处，且在2018年东北地区遭遇50年一遇的春季大旱时展示出其强大的优势。

参考文献

[1] 郧文聚. 粮食安全的生命线在于耕地健康 [N]. 中国科学报，2019-04-23 (5).

第二章

土壤矿物质元素与人体健康

13. 土壤矿物质有哪些?

矿物质是岩石及其矿物的风化产物，是土壤的重要组成部分，是土壤矿物质养分的主要来源，也是影响土壤各种物理、化学性状的基本条件，按成因可分为原生矿物和次生矿物。一般土壤中矿物的化学组成以二氧化硅（SiO_2）、三氧化二铝（Al_2O_3）、三氧化二铁（Fe_2O_3）、氧化亚铁（FeO）、氧化钙（CaO）、氧化钾（K_2O）、氧化钠（Na_2O）、五氧化二磷（P_2O_5）、氧化钛（TiO_2）等为主。其中，氧、硅、铝、铁、钙、镁、钠、钾、钛、碳这十大元素占土壤矿物质部分干重的99%以上，其他元素

总共不到1%，作物最需要的养料元素如氮（N）、磷（P）、钾（K）等含量都很少。

14. 什么是土壤原生矿物?

原生矿物是岩石经风化作用被破碎形成的碎屑，其原有化学成分没有改变，主要有硅酸盐矿物、氧化物类矿物、硫化物和磷酸盐类矿物。

15. 什么是土壤次生矿物?

次生矿物是原生矿物经过化学风化作用后形成的新矿物，其化学组成和晶体结构均有所改变，主要有高岭石、蒙脱石、伊利石类，粒径小于0.001毫米。

16. 土壤中的矿物质元素与植物有什么关系?

目前，土壤中发现的矿物质和微量元素有73种，分为植物生长必需元素（钾、钙、镁等）、有益元素（硅、镍等）、有毒害元素（汞、铅等）。有专家指出，镍、硅、钴等也是植物必需的营养元素，有的低等植物还需要钒、镓、锗和钨，但未能证明所有植物都需要它们[1]。

不同的矿物质元素对植物的影响有所差异：

●钨（W）对固氮生物有毒，主要表现为干扰钼的代谢，对生物体内的固氮酶、连四硫酸还原酶等钼酶的活性均有抑制作用，原因在于其竞争

性地抑制钼的吸收；

●铝（Al）可以抑制铁和钙的吸收，干扰磷代谢，阻碍磷的吸收和向地上部的运转，铝过多的毒害症状是抑制作物根的生长，根尖和侧根变粗成棕色，地上生长部分受阻，叶子呈暗绿色，茎呈紫色；

●硒（Se）在喜硒植物中会大量富集，植物缺硒时就不能正常生长发育；

●铬（Cr）是人和动物所必需的一种微量元素，它可以参与细胞的

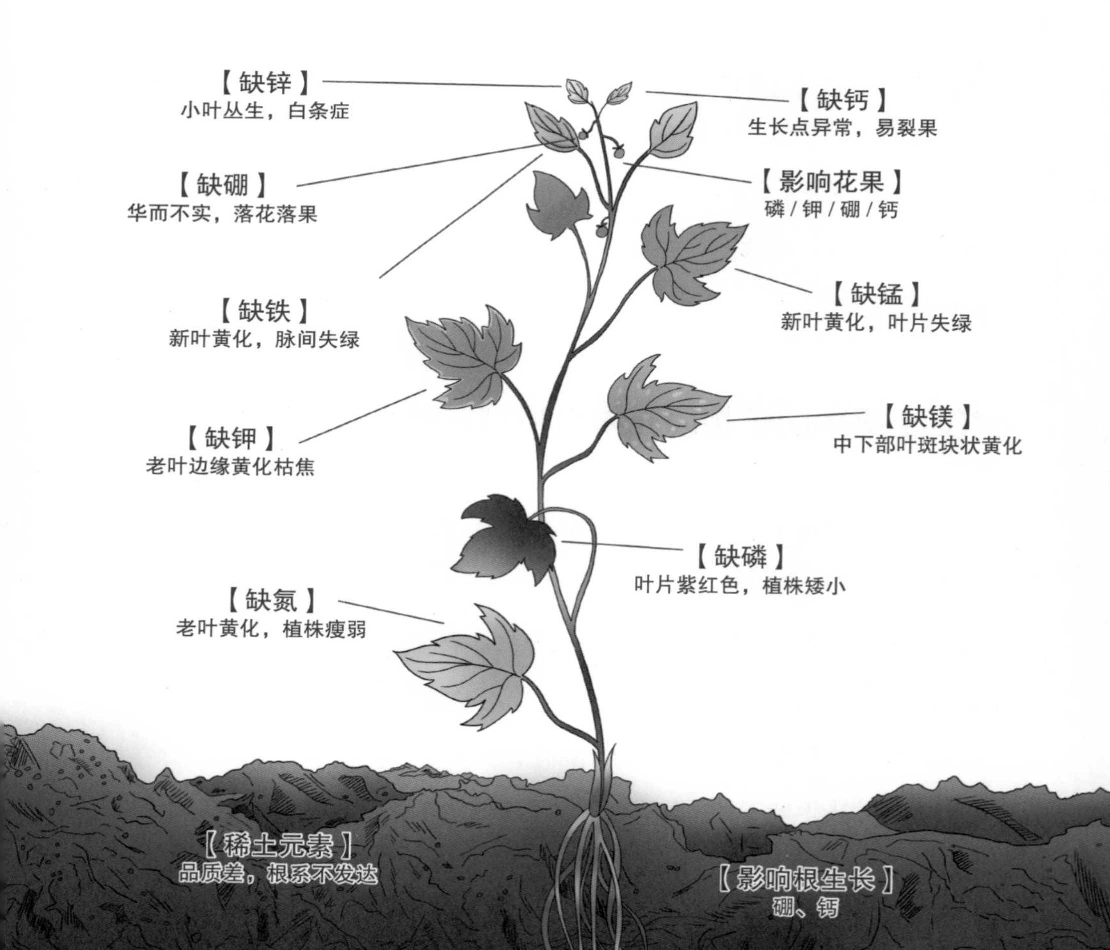

一系列组成，缺铬可引起动脉粥样硬化症。铬还可以提高植物体内酶的活性，增加叶绿素、有机酸、葡萄糖和果糖的含量，加速植物生长，增强植物对疾病的抵抗力和提高作物的产量。但若铬含量过多，则对人和动植物都是有害的。

因此，矿物元素有益还是有害、生命需要或者不需要都是相对的。任何一种元素对植物的作用不仅取决于其化学性质，还取决于其“适当的数量”，以及与其他元素“合理的比例”关系是否适合该种植物在不同生长时期的平衡需求或耐受能力。

17. 土壤中的矿物质元素与人体健康有什么关系?

有研究表明，人体中的微量元素与地壳元素丰度呈正相关，这是土壤—植物—动物—人类的生物链传递的结果。人们已经发现人体血液中有60多种化学元素，与地壳同种化学元素的分布之间具有明显的相关性[1]。如果在某一地区地壳中的化学元素浓度超出了人体所适应的正常变动范围，就可能引起病变。

在漫长的进化历程中，植物、动物、人类都与地壳岩石圈的矿物质元素背景形成了紧密的依赖关系。尽管人们对微量元素的认识还很新，研究者们还是每天都能发现它们的更多重要之处。例如，机体要吸收钙就必须要有微量元素硼，如果不能从膳食中获得足够的硼，身体就不能吸收到食物、饮用水或补充剂中的钙；侏罗纪时代称霸地球表面的恐龙因为一颗地外小行星撞击地球所带来的过量元素铱而突然灭绝，而适应高浓度铱的少量生物物种则存活了下来，然后演化成为目前地球的生物种群。

18. 什么是隐性饥饿?

隐性饥饿（hidden hunger）是指机体由于营养不平衡或者缺乏某种维生素及人体必需的矿物质，同时又存在其他营养成分过度摄入，从而产生隐蔽性营养需求的饥饿症状。人体需要13种维生素和16种微量元素。大部分维生素和矿物质元素在人体内并不能自我合成，只能来自食物，而80%的食物源于土壤。对于人类来说，除了部分水产品，这些营养元素主要“仰仗”土壤了。

19. 隐性饥饿是如何产生的?

集约化的现代农业耕作带来了农产品维生素和矿物质元素的缺乏，容易造成较为广泛的隐性饥饿，其原因主要有以下两个方面。

①**遗传稀释效应**。现代农业致力于培育新品种，提高作物产量、抗病虫害和适应气候的能力，低产量的品种不断被淘汰，高产量的新品种得以延续。当农民改种一种产量更高的作物品种时，主要使用氮肥刺激其更快地生长，根系吸收微量元素理论上也需要以更快的速度进行。但对于同样的土壤，微量元素的土壤供应或者植物根系的吸收无法同步跟上，这就导致作物虽吸收了更多的水分和合成了量更大的碳水化合物，但微量元素的浓度却降低了。

②**环境稀释效应**。在现代集约型农业生产方式下，严重的土壤侵蚀会带走表层土壤的矿物质，而且经过多年的耕作，土壤会变得板结，根系和水分都不容易向下延伸。现代农业的大规模生产偏重施用化肥而少施甚至

不施有机肥，并将地上部的收获物从田间带走，使微量元素得不到外源补充，同时农药的过量施用降低了微生物对土壤矿物质的转化能力。

20. 隐性饥饿有什么危害?

隐性饥饿的主要危害是会诱发慢性疾病，还会对智力、体力造成影响。

现代医学发现，大部分患者患有慢性疾病，如糖尿病、心血管疾病、癌症、肥胖症等，都与人体营养元素的摄取不均衡有关。如果长时间处于隐性饥饿的状态，就会诱发慢性疾病。

隐性饥饿主要包括体内缺铁、缺碘、缺锌，以及缺乏维生素和其他矿物质。患者如果缺铁，可能会诱发贫血，还会导致身体抵抗力下降；如果缺碘，可能会导致呆小症，还会出现长不高、智力损失等情况；如果缺维生素A，可能会影响免疫系统、视神经，从而导致夜盲症；如果缺锌，可能会导致味觉减弱，使食量下降，出现面黄肌瘦的情况；如果缺维生素B_1，可能会导致注意力不集中、记忆力下降。

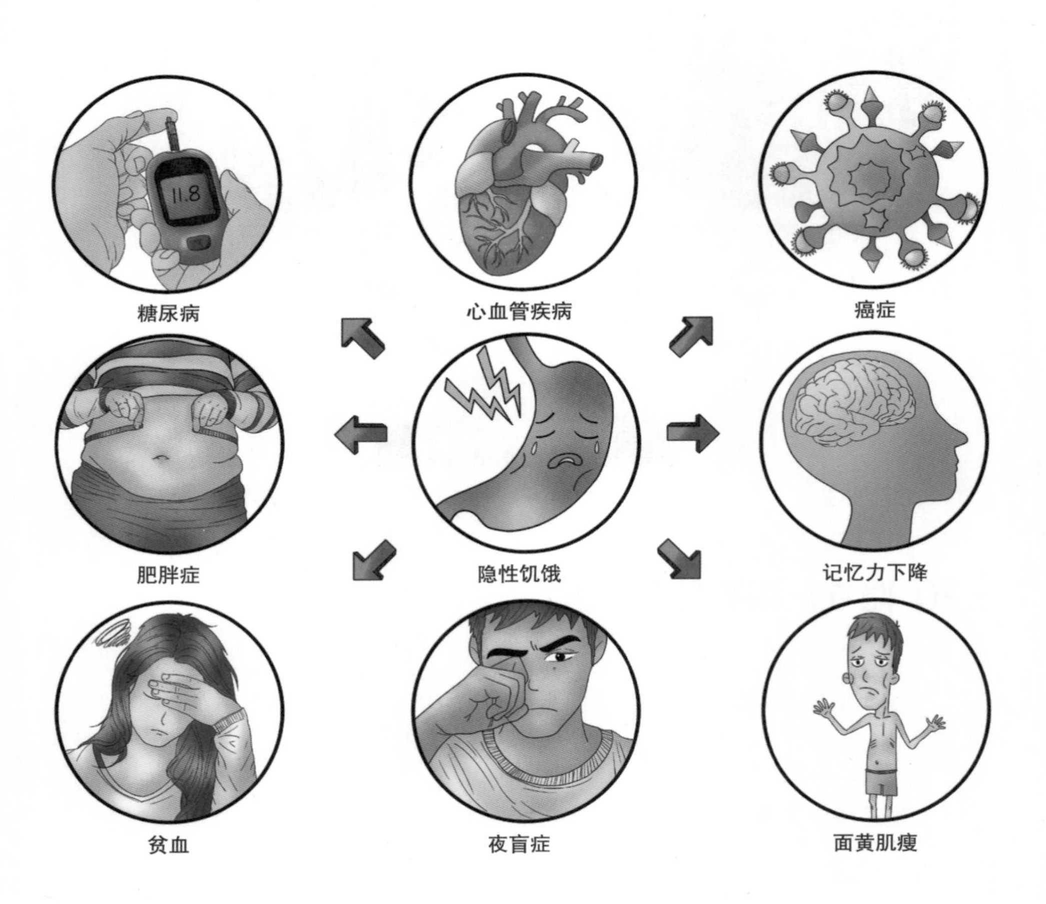

21. 如何消除隐性饥饿?

食品强化是消除隐性饥饿的直接手段，也就是在食物中加入明确稀缺的元素，如食盐加碘，小麦粉加锌或者维生素A等。从源头上消除隐性饥饿主要有以下两种方法：

①**土壤强化**。对土壤施用或者直接对作物叶片喷施稀缺元素是提高作物矿物质元素水平的主要手段。丹麦、挪威等国家的土壤明显缺硒，从1984年开始，这些国家实施了农田施硒的行动计划，挪威的小麦含硒量已经从0.01毫克/千克升高到稳定的0.25毫克/千克，从而改善了国民硒摄入量不足的状况。测土配方施肥在我国已实施多年，主要是为了提升粮食产量，增加对氮、磷、钾的补充。今后随着测土配方施肥的深入开展，期待其领域拓宽到矿物质元素方面，在提高粮食产量的同时也要提高其“质量”。

②**生物强化**。通过育种手段可以提高现有农作物中能为人体吸收利用的微量营养元素的含量，减少和预防全球性，尤其是发展中国家（贫困人口）普遍存在的人体营养不良和微量营养元素缺乏的问题。国际小麦玉米改良中心培育的优良小麦品系的铁含量为47毫克/千克、锌含量为55毫克/千克，比目前大面积种植的品种高出近一倍。我国生物强化项目始于2004年，培育出了富含微量营养元素（铁、锌、类胡萝卜素）的水稻、小麦、玉米等作物新品种或品系。在富含铁锌的小麦中，铁和锌的含量分别高达749毫克/千克和135毫克/千克，是普通小麦和一般小麦的4～20倍。

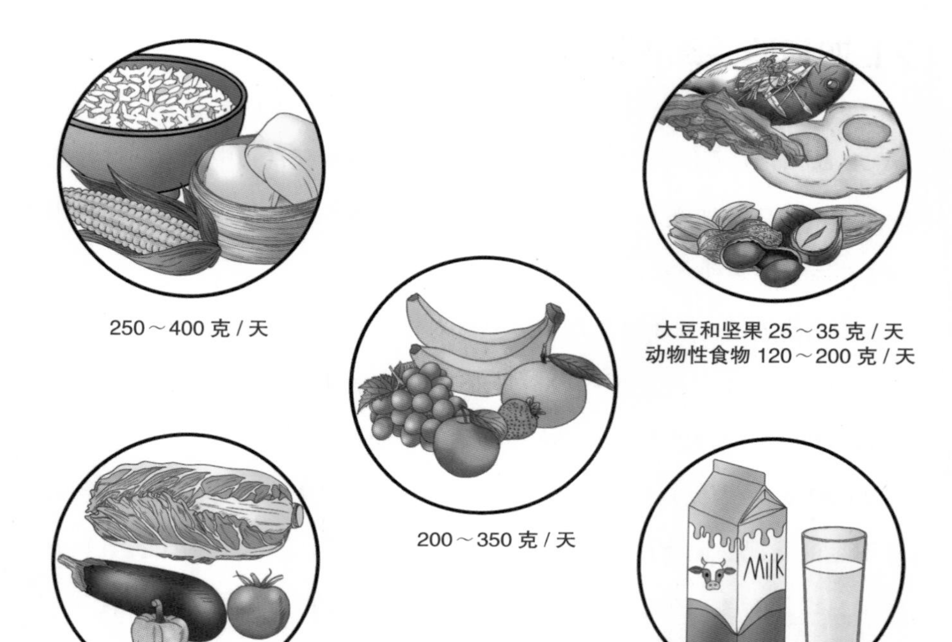

22. 什么是低硒带?

土壤低硒是低硒带形成的基础。我国不同类型土壤的表层含硒量有明显差异，最高的是砖红壤、红壤、黄壤及西北内陆的盐土和盐化草甸土，最低的是以棕褐土系列为中轴的土壤，从我国东北的暗棕壤、黑土向西南方向经黄土高原的褐土、黑垆土到川滇的棕壤性紫色土、红褐土、红棕壤、褐红壤至青藏高原东部和南部的亚高山草甸土（黑毡土）[2] 构成了一条完整的低硒带。

23. 低硒带是如何形成的?

气候地带性-生物因素是我国土壤硒呈明显带状区域分异的主要因素，在其作用下土壤成土过程及土壤主要物理化学性质（有机质性质与含量、质地、黏土矿物的构成、胶体的性质与含量、pH、氧化还原电位等）变化影响了土壤中硒的保留量、赋存形态及其土壤—植物的传输量。

我国东南部的热带、亚热带地区在岩石风化成土过程中随着富铝化作用和红壤化、砖红壤化过程的加强，伴随铁铝的积累，硒也相应富集。西部干旱半干旱的偏碱性环境利于硒的迁移，但由于降水少、淋溶作用较弱，加上多处于内流区域，由剥蚀区淋溶下来的硒多在植物生长的内陆盆地和绿洲富集，而地处温带中度风化、中至弱酸性的硅铝质地区一般较不利于硒的保留。在成土过程较弱的条件下，地质和岩性因素对环境硒的水平也有重要的作用，如川东和滇北的低硒病区、黄土高原低硒病区等分别与低硒紫色岩层和低硒黄土母质有关，湖北恩施和陕西紫阳的硒中毒地区的出现则是受到高硒沉积岩层（黑色）影响的结果。此外，地貌因素对硒的分异也有显著影响，如侵蚀淋溶的正地貌区与堆积富集的负地貌区的硒分布往往有较大差异[2]。

24. 克山病、大骨节病的分布与低硒带有关系吗?

克山病是一种病因未明、以心肌坏死为主要病理改变的坏死性心肌病，主要分布在我国黑龙江、吉林、辽宁、河北、内蒙古、山西、山东、河南、陕西、甘肃、四川、云南、西藏和湖北14个省（自治区）。大骨节病为一种病因未明的地方性、多发性、变形性骨关节病，主要分布于黑龙江、吉林、辽宁、内蒙古、河北、山东、北京、陕西、山西、河南、四川、宁夏、甘肃、青海和西藏15个省（自治区、直辖市）。

通过对全国主要克山病、大骨节病区的调查采样分析及多元素筛选，研究者在1973年证实了该病区粮食中硒含量普遍偏低，在此基础上根据硒的化学地理特征，于1974年明确提出了低硒带的概念，后经补充采样和调查，于1976年证实了我国存在一条自然环境低硒带，其分布与克山病、大骨节病分布相吻合。自然环境低硒带呈东北—西南走向，在纬度上跨度较大，主要分布在东北到西南的温带、暖温带地区，属半干旱、半湿润气候，主要为棕、褐土系列环境，低硒带内土壤及母质（母岩）、粮食、水和人体中的硒含量显著低于其他地区。

25. 如何判定农产品是否富含硒?

我国已出台相关标准对富硒农产品中的硒含量作了要求，详见下表。

国家标准和行业标准中对富硒农产品中硒含量的指标要求

标准名称	硒含量指标要求 /（毫克 / 千克）	标准类别
《富硒稻谷》（GB/T 22499—2008）	0.04 ~ 0.30	国家标准
《强化营养盐　硒强化营养盐》（QB 2238.3—2005）	3 ~ 5	行业标准
《富硒茶》（NY/T 600—2002）	0.25 ~ 4.00	行业标准

（续表）

标准名称	硒含量指标要求 /（毫克 / 千克）	标准类别
《富硒农产品》（GH/T 1135—2017）	谷物类：总硒 0.10 ～ 0.50，硒代氨基酸含量占比 >65%	行业标准
	豆类：总硒 0.10 ～ 1.00，硒代氨基酸含量占比 >65%	
	薯类（以干质量计）：总硒 0.10 ～ 1.00，硒代氨基酸含量占比 >65%	
	蔬菜类（以干质量计）：总硒 0.10 ～ 1.00，硒代氨基酸含量占比 >65%	
	食用菌类（以干质量计）：总硒 0.10 ～ 5.00，硒代氨基酸含量占比 >65%	
	茶叶：总硒 0.25 ～ 4.00，硒代氨基酸含量占比 >60%	

26. 骨骼的健康与土壤矿物质元素有什么关系?

缺钙问题和骨质疏松症如今越来越普遍化和年轻化。骨骼的健康需要钙、磷、镁这三种元素来支撑。这三种元素全部来自土壤，但其在土壤中的流失程度非常严重。数据表明，有些地方的土壤里钙流失甚至达到80%以上。

中国科学院大连化学物理研究所研究员徐恒泳认为，土壤矿物质的严重流失导致食物缺乏矿物质生命元素，造成人体元素失衡，从而导致各种慢性病井喷式高发。

大量施用化肥和农药，不允许秸秆焚烧，人类排泄物不还给土壤，农民只给土壤施化肥来补充氮、磷和钾，而不把农作物带走的矿物质元素返还土壤，这些现象使土壤中生命元素流失，土壤板结退化，直接导致人类食物中矿物质生命元素含量降低。据分析，近年来人们食物中钙、镁、铁、锌等元素降幅均在40%以上。

27. 土壤中为什么缺碘?

碘是一种活泼的具有氧化作用的非金属元素，在自然界中以溶于水的碘化物形式存在。碘在自然界含量稀少，除在海水中含量较高以外，在大部分土壤、岩石和水中的含量都很低。世界上大多数国家都有不同程度的碘缺乏病流行，其原因是全球广泛性缺碘。人类出现以前，地球上的熟土层中含有足够的碘元素。地球进入1.8万年前的第四纪冰河期后，大部分陆地布满了冰层；之后冰层融化，地球表层的成熟土壤被冲刷带入海洋，后来重新形成的土壤就含碘极少了，只相当于原来的1/10，这就造成了全球广泛性缺碘。在一些山区、半山区、丘陵、河谷地带及河流冲刷地区缺碘更为严重。在大多数碘被土壤吸附的情况下，碘不易被生物所利用。因此，土壤含碘很高并不意味着在其上生长的植物就会含碘很高。

28. 什么是碘缺乏病?

机体因缺碘导致的一系列疾病以前命名为地方性甲状腺肿和地方性克汀病，现在统称为碘缺乏病。碘缺乏病是自然环境中的水、土壤因缺碘而造成植物、粮食中碘含量偏低，使机体对碘的摄入不足导致的一系列损害，是世界上分布最广泛、侵犯人群最多的一种地方病。它包括地方性甲状腺肿、地方性克汀病、地方性亚临床克汀病，以及碘缺乏导致的流产、早产、死产、先天畸形等。

29. 人体为什么会缺碘?

①生活环境含碘量减少。随着地壳变迁和人类迁徙，适合人类生存的环境与过去发生了非常大的改变，生活环境中的土壤和水源的含碘量越来越少，人们日常摄入的水和食物中能够锁住的碘也越来越少，所以在某些自然环境缺碘的地区，人们如果不额外摄入碘，就会形成碘缺乏症。

②缺乏运动导致碘吸收率降低。很多人虽然在日常生活中吃的食物营养比较丰富，但是这些营养不一定都能被身体所吸收。人类吸收营养需要借助身体的活动量，活动量大一点，身体能够吸收的营养就会多一些。经常处于坐姿、不爱做户外运动、不经常晒太阳也是造成人体碘缺乏的一大因素。

③饮食结构缺乏碘元素。现代人想要通过水和环境来吸收碘基本是不太可能的，所以需要额外从一些含碘量高的食物中摄入。海鲜类食物的含碘量通常比较高，但是有些人不喜欢吃鱼和虾之类的食物，也不喜欢吃海藻类食物，这样的人群就容易缺碘。

碘缺乏这种情况多发生在北方地区，因为北方地区距离大海比较远，土地和水的含碘量非常少。

参考文献

[1] 刘建明，亓昭英，刘善科，等.中微量元素与植物营养和人体健康的关系［J］.化肥工业，2016，43（3）：85-90，103.

[2] 李海蓉，杨林生，谭见安，等.我国地理环境硒缺乏与健康研究进展［J］.生物技术进展，2017，7（5）：381-386.

第三章

土壤重金属污染与人体健康

30. 什么是土壤重金属污染?

重金属因不能被土壤微生物分解，且易于积累并转化为毒性更大的甲基化合物，甚至有的通过食物链以有害浓度在人体内累积而严重危害人体健康。

土壤重金属污染物主要有汞、镉、铅、铜、铬、砷、镍、锌等，砷虽不属于重金属，但因其行为与来源及危害都与重金属相似，因此通常列入重金属类进行讨论。从植物的需要来看，金属元素可分为两类：一类是植物生长发育不需要的元素，其对人体健康危害比较明显，如镉、汞、铅等；另一类是植物正常生长发育所需的元素，且对人体有一定的生理功能，如铜、锌等，但过多时会造成污染，妨碍植物的生长发育。

同种金属，由于它们在土壤中的存在形态不同，其迁移转化特点和污染性质也不相同，因此在研究土壤中的重金属危害时，不仅要注意它们的总含量，还必须重视各种形态的含量。

31. 土壤中的重金属来自哪里？

土壤中的重金属元素主要有自然来源和人为干扰输入两种途径。在自然因素中，成土母质和成土过程对土壤重金属含量的影响很大。而在各种人为因素中，工业、农业和交通等来源引起的土壤重金属污染占比较高。

①**自然来源**。土壤是由岩石风化而来的，不同的岩石含有不同的重金属元素，成土母岩的化学元素决定了土壤中化学元素的最初含量，影响着土壤中重金属元素的环境背景值。同时，母岩在形成土壤过程中的影响因素也影响着土壤中的重金属含量，如抗风能力强的石英质岩石对发育于其上的土壤中的重金属含量起到控制作用，然而抗风能力弱的碳酸盐类岩石对发育于其上的土壤中的重金属含量的控制作用则不强。大气中重金属降尘也是影响土壤中重金属含量的主要自然因素之一。火山爆发、森林火灾、海浪飞溅、植被排出、风力扬尘等过程使很多重金属尘浮于空中。空气中的重金属元素部分被植物吸收，部分通过尘降进入水体、土壤。在自然界中，土质污染也影响着土壤重金属的含量。在岩石圈深部，岩浆作用、质变作用等复杂的地球化学过程可能形成重金属富集的工业矿床，在矿床附近矿化地层发育的土壤、由矿床流出的富含重金属的地下水流动过程中形成的分散晕上发育的土壤、以被搬运的矿化物质为母岩所发育的土壤中，重金属含量往往异常高。

②**人为因素造成的土壤重金属污染**。随着人类社会工农业现代化、城镇化的发展，人为因素造成的土壤重金属污染是当今世界越来越不容忽视的环境问题。重金属多为有色金属，在人类生产、生活各方面应用广泛，同时也伴随着严重的环境污染。有色重金属矿床的开发冶炼是向环境中排

放重金属最主要的污染源。这些污染源大多是点污染源，对于土壤环境来说是不均匀污染，在局部地区土壤重金属污染可能相当严重。农业中，农药、化肥、污泥的施用和污水灌溉是加剧土壤重金属污染的主要途径之一。就化肥而言，其原料矿石本身的杂质及生产工艺流程的污染使其重金属含量颇高，如有的过磷酸钙肥料中的镉和砷含量较高，据广州市磷肥和石灰的测定结果，镉含量为2～3毫克/千克，砷含量为60～80纳克/千克，汞含量为1～2纳克/千克。农药中含汞、砷和铅的较多，如含有机汞制剂的有赛力散、西力升等，含有机砷制剂的有稻脚青、苏农6401，含砷、铅的有砷酸铅、亚砷酸铅等，含其他重金属的有代森锌等。故长期施用化肥、农药可使土壤遭受重金属污染[1]。

32. 土壤中的主要重金属污染有哪些?

汞（Hg）是一种对动植物及人体有毒的元素。土壤中的汞按其存在的化学形态可分为金属汞、无机化合态汞和有机化合态汞。无机汞化合物的主要存在形式有硫化汞（HgS）、氧化汞（HgO）、碳酸汞（$HgCO_3$）、氯化汞（$HgCl_2$）和硝酸汞［$Hg(NO_3)_2$］等；有机汞化合物主要有甲基汞和有机配合汞等。除甲基汞、氯化汞、硝酸汞外，大多均为难溶化合物。在各种含汞化合物中，甲基汞和乙基汞的毒性最强。土壤中汞的迁移转化比较复杂，主要途径有土壤中汞的氧化-还原、土壤胶体对汞的吸附、配位体对汞的配合–螯合作用、汞的甲基化作用。

镉（Cd）污染主要来源于铅、锌、铜的矿山与冶炼厂的废水、尘埃和废渣，电镀、电池、颜料、塑料稳定剂和涂料工业的废水等。农业上，施用磷肥也可能带来镉污染。

铅（Pb）是人体的非必需元素。土壤中的铅污染主要来自大气污染中的铅沉降，如铅冶炼厂含铅烟尘的沉降、含铅汽油燃烧所排放的含铅废气的沉降等。另外，其他铅应用工业的“三废”排放也是污染源之一。土壤中的铅主要以二价态的无机化合物形式存在，极少数为四价态。植物从土壤中吸收的铅主要是存在于土壤中的可溶性铅。植物吸收的铅绝大多数积累于根部，而转移到茎叶、种子中的则很少。另外，植物除通过根系吸收土壤中的铅以外，还可以通过叶片上的气孔吸收污染空气中的铅。

铬（Cr）是人类和动物的必需元素，但其浓度较高时对生物有害。土壤中的铬污染主要来源于某些工业，如铁、铬、铬酸盐、三氧化铬及电镀工业的“三废”排放及燃煤、污水灌溉或污泥施用等。

砷（As）是类金属元素，不是重金属。但从环境污染效应来看，砷常被作为重金属来研究。土壤中的砷污染主要来自化工、冶金、炼焦、火力发电及电子等工业排放的“三废”。土壤中的砷主要以正三价和正五价两种价态存在，存在形式可分为水溶性砷、吸附态砷和难溶性砷，在一定的条件下三者之间可以相互转化。当土壤中的含硫量较高时，在还原性条件下可以形成稳定的难溶性三硫化二砷（As_2S_3）。一般认为，砷不是植物、动物和人体的必需元素。但植物对砷有强烈的吸收积累作用，其吸收作用与土壤中的砷含量、植物品种等有关，砷在植物中主要分布在根部。浸水土壤中，土壤中的可溶性砷含量比旱地土壤高，故在浸水土壤中生长的作物的砷含量也较高。所以，为了有效地防止砷污染及危害，可采取提高土壤氧化-还原电位的措施，以减少三价亚砷酸盐的形成，降低土壤中砷的活性。

33. 什么是镉污染?

镉是人体非必需元素，在自然界中常以化合物状态存在，一般含量很低，正常环境状态下不会影响人体健康。当环境受到镉污染后，镉可以在生物体内富集，并通过食物链进入人体，引起慢性中毒。镉被人体吸收后在体内形成镉硫蛋白，选择性地累积在肝、肾中。其中，肾脏可吸收进入体内的近1/3的镉，是镉中毒的“靶器官”。其他脏器（如脾、胰、甲状腺和毛发等）也有一定量的蓄积。由于镉损伤肾小管，患者会出现糖尿、蛋白尿和氨基酸尿。镉也会使骨骼的代谢受阻，造成骨质疏松、萎缩、变形等一系列症状。

34. 食物中的镉主要来自哪里?

镉能被农作物或者水生动物从环境中吸收，并通过食物链积聚，最终进入我们餐桌上的食物中。镉含量较高的食物有蔬菜、海产、谷物。

对于蔬菜，镉通常在植物的叶上积聚，因此叶菜类蔬菜（如菠菜）的镉含量或许会比较高。

对于海产，甲壳类动物会天然地在体内（特别是内脏）积聚镉，因此如面包蟹、生蚝和扇贝等甲壳类海产一般会积聚较多的镉。

对于谷物，镉主要存在于谷物外壳，通过研磨能全部或大部分去除。

35. 大米与镉大米有哪些区别？

大米作为人类的主食之一在人类的健康中发挥着极为重要的作用。然而土壤一旦受到镉污染或者酸化，大米便会悄然成为镉大米。大米天生锌、钙、铁等含量低，且在抛光、洗米过程中养分损失多。大米与镉大米，一字之差，但其安全性差别很大。

大米不同品种中的铁、钙、锌等含量会有差别，但这个差别不大，最高也只有数倍。不过镉的情况就比较特殊了，在土壤条件和土壤污染程度不同的情况下，不同品种之间甚至可以相差数百倍。由于大米中的镉含量不像锌、钙等变化幅度有限，大米的不安全性就陡然增加。

镉的存在可能让大米中的锌、铁、钙的营养降低。铁、锌、镉这三种重金属元素在化学性质上表现出很多的相似性，常常利用相同的转运系统进行吸收运输或储存。镉与钙在离子半径上极为相近，因此在土壤环境和作物体内有着较强的相互作用，很多时候表现出相互竞争的关系。

加工过的大米中镉含量减少，但营养损失量也会增大。铁、镁、钾、磷和锰的营养主要分布在糙米的皮层，而镉较为均匀地分布在整个米粒中。有研究表明，抛光米中的铁、镁、钾、磷和锰比糙米低25%～40%，铜和锌也下降了20%，钙的降低幅度在以上两组之间，而镉在抛光后只去

除了6%。

淘米、做饭过程中镉的去除量有限，而铁、钙、锌却再次大量流失，增加了含镉大米的不安全性。铁、镁、钾、磷和锰的营养主要以无机的形式存在于大米中，而镉在大米中主要以蛋白结合的形式较为均匀地分布在整个米粒中，淘米过程对营养的损失有较大影响，但对镉的去除却影响甚小。

36. 镉的敏感人群有哪些?

对镉敏感的人群有六类，分别是与镉相关的从业者，吸烟者，生活在镉污染区的人群，嗜吃软体动物、蘑菇和肝肾内脏的人，糖尿病患者，体内缺铁、钙和维生素D的人。其中，前四类之所以是敏感人群，是因为相比于其他人他们接触的镉含量会高得多；体内缺铁、钙和维生素D的人对镉的抵抗力差，糖尿病患者因肾功能受损而易于受镉影响。

对于普通居民，食物镉是其主要来源。以上六类镉敏感群体对镉的摄入应该更加注意。

37. 人体接触砷的主要途径是什么？

砷在自然界广泛存在，自然界的砷以无机砷和有机砷两种形式存在，有机砷的毒性可以忽略，所以一般说砷的毒性关注的是无机砷。

砷不是人体所需的元素。除了大量摄入时会导致急性中毒，长期少量地摄入也会有致癌的风险。在自然界的水中，或多或少都会有一些砷，而水稻在生长过程中会对它起到富集的作用。所以，在粮食中大米是无机砷的重要来源。

38. 砷是如何进入水稻并发挥作用的？

在传统的稻田淹水还原的耕种条件下，土壤中的砷会还原为三价的亚砷酸，其有效性大幅升高，成为容易被水稻吸收的化学形态。三价砷通过硅的转运蛋白Lsi1和Lsi2被水稻根系吸收。Lsi1和Lsi2就像一组勤快的“运输队”，将硅和三价砷同时从水稻的根部外层细胞向中心的部位运输，就像是水泵将水从低处向高处的“大坝”输送，土壤中的砷因此进入水稻并发挥作用。

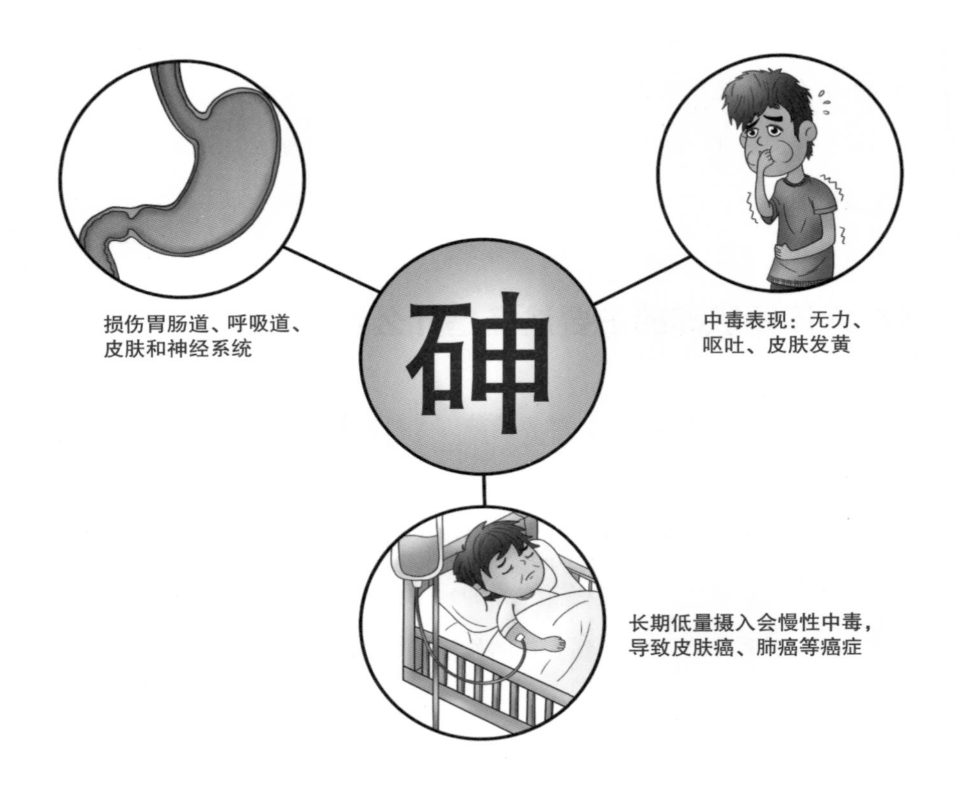

39. 大米中砷的限量标准是多少？

“安全的大米”不是“绝对不含砷”的大米，而只能是“砷含量低于某个安全限值”的大米。世界卫生组织根据科学实验数据制定了无机砷对人体的“安全上限”：每天每千克体重摄入不超过2微克。所谓“安全上限”是指在摄入量在限量以下时不会观察到任何异常，超过这个限量可能会出现某些方面的异常。根据这个“安全上限”，有些国家会制定大米的安全标准。中国要求每千克大米中无机砷含量不超过150微克。

40. 控制砷污染的主要方法是什么?

砷污染的控制方法主要包括物理法、化学法和生物法。物理法主要是用过滤器过滤砷，主要应用在污水处理领域，其投资大、处理成本高，难以大规模使用。化学法主要是沉淀法，主要用于污水处理，由于沉淀砷及其化合物需要添加化学药剂，会产生大量废渣，难以处置。生物法是利用植物和微生物吸收水和土壤中的砷及其化合物，它具有效率高、无二次污染、处理成本低等优点，是未来最有前途的处理方法。

41. 土壤汞污染的主要来源是什么?

土壤中的汞污染来源为自然来源和人为来源两种。自然来源指的是土壤母质本身含有汞；人为来源包括污水灌溉、大气汞的干湿沉降、农田耕作中不合理使用有机汞农药和含汞化肥、含汞固体废弃物的堆积等。

42. 汞污染有什么危害?

金属汞慢性中毒的临床表现主要是神经性症状，有头痛、头晕、肢体麻木和疼痛、肌肉震颤、运动失调等。大量吸入汞蒸气会出现急性汞中毒，其症状为肝炎、肾炎、蛋白尿、血尿和尿毒症等。急性中毒常见于生产环境，一般生活环境中很少见。由于汞的毒性强、产生中毒的剂量小，我国在饮用水、农田灌溉中都要求汞的含量不得超过0.001毫克/升，渔业用水要求汞含量不得超过0.005毫克/升。

43. 土壤铅污染有什么危害?

土壤铅污染对农作物生长发育有很大的影响。铅被植物吸收并积累到一定程度就会影响种子的萌发，使根系丧失正常功能，妨碍养料的吸收，阻滞农作物的正常生长发育，降低产量和品质。种子萌发和幼苗生长是作物对外部环境反应的开始，也是作物对外部反应的敏感期。低浓度的铅可以促进小麦种子萌发，而高浓度的铅则会抑制种子萌发。

44. 铅对人体有什么危害?

目前，铅主要通过食物、饮用水、空气等方式影响人体健康。金属铅进入人体后，少部分会随着身体代谢排出体外，其余则会大量在体内沉积。

对于成年人，铅的入侵会破坏神经系统、消化系统、男性生殖系统且影响骨骼的造血功能，使人出现头晕、乏力、眩晕、困倦、失眠、贫血、免疫力低下、腹痛、便秘、肢体酸痛、月经不调等症状。

对于儿童，由于其大脑正在发育，神经系统处于敏感期，在同样的铅环境下吸入量比成人高出好几倍，受害极为严重，因此儿童铅中毒会出现发育迟缓、食欲不振、行走不便和便秘、失眠，还有的伴有多动、听觉障碍、注意力不集中和智力低下等现象。严重者会造成脑组织损伤，可能导致终身残疾。

对于孕妇，铅进入体内会通过胎盘屏障影响胎儿发育，造成畸形、流产或死胎等。

45. 铬对人体有什么危害?

铬是人和动物所必需的一种微量元素，躯体缺铬可引起动脉粥样硬化症。铬对植物生长有刺激作用，可提高收获量。但如果含铬过多，对人和动植物都是有害的。铬的化合价有二价、三价和六价，三价铬和六价铬对人体健康都有害。六价铬的毒性比三价铬约高100倍，是强致突变物质，可诱发肺癌和鼻咽癌。三价铬有致畸作用。

46. 铬对环境有什么危害?

生产金属铬和铬盐的过程中产生的固体废渣——铬渣已成为铬污染的重要来源，亟待有效解决。由于风化作用进入土壤中的铬容易氧化成可溶性的复合阴离子，然后通过淋洗转移到地表水或地下水中。土壤中的铬过多时，会抑制有机物质的硝化作用，并使铬在植物体内蓄积。

47. 阳台种菜真的健康吗?

阳台种菜在国内外都比较时髦，在国内俨然成为一个小产业。但从土壤学和植物营养学的角度来看，其安全性着实值得剖析一番。

①土壤的酸性。通常盆栽蔬菜的土壤水容量小，经常加水容易使土壤

处于还原状态，因此根系表面容易变酸。此外，植物根系会分泌其光合作用25%～40%的物质（大多以有机酸形式）到根系表面，通过供养大量的微生物以帮助其转换养分，尤其在一些养分不足时，如缺铁或磷，根系还会定向分泌特种有机酸来协助养分的活化。盆栽蔬菜用土量少（根/土比高），根系难以如同大田般按照其生长特性充分伸展，只能在容器内盘绕交错。以上两个过程的作用更容易使盆栽土壤形成酸性环境。如果土壤不洁，则重金属容易得到活化而被蔬菜吸收，因此盆栽蔬菜往往会吸收更多的重金属。

②温度的变化。大气温度对大田的土壤影响小，通常不管严寒酷暑地下10厘米的温度都不会变动，处于恒温状态，但对于盆栽而言，其整个温度通常与大气温度相平衡。植物对重金属，如镉、铅等的吸收通常与温度成正比，因此在炎热的夏天种植蔬菜，虽然长得快，但通常其吸收量也会相应增加。

③大气的沉降。植物叶片可以通过叶孔吸收空气中的重金属。由于汽车尾气和工厂废气的原因，城市空气中的重金属含量通常比乡村高，阳台种菜往往面临街边，叶片不仅会沉淀尘埃，使表面重金属增加，叶孔的吸收也会造成蔬菜重金属的增加。

从土壤学的角度来看，阳台种菜虽然可以避开农药这类人为喷施的污染，但如果土壤本身不洁净——从小区或附近公园绿地装回来的土壤或者采用河泥等研制的培养土，蔬菜的重金属含量可能也会很高。

参考文献

[1] 党永富. 土壤污染与生态治理 [M]. 北京：中国水利水电出版社，2015.

第四章

土壤POPs污染与人体健康

48. 什么是POPs?

POPs是Persistent Organic Pollutants的缩写，即持久性有机污染物，它是天然或人工合成的有机物。POPs具有高毒性，进入环境后难以降解，可生物积累，能通过空气、水和迁徙物种进行长距离越境迁移，并能沉积到远离其排放地点的地区，随后在那里的陆地生态系统和水域生态系统中积累起来，对当地环境和生物体造成严重负面影响。

49. POPs具有什么性质?

①高毒性。POPs大都具有致癌、致畸、致突变的“三致”效应，在低浓度时也会对生物体造成伤害。例如，二噁英类物质中最毒者的毒性相当于氰化钾的1000倍以上，号称是世界上最毒的化合物之一，每人每日能容忍的二噁英摄入量为每千克体重1皮克。

②持久性。POPs对生物降解、光解、化学分解作用有较高的抵抗能力。例如，二噁英系列物质在气相中的半衰期为8～400天，在水相中为166天至2119年，在土壤和沉积物中为17～273年。

③生物积累性。POPs具有低水溶性、高脂溶性的特点，能在活的生物体的脂肪组织中进行生物积累，可通过食物链危害人类健康。

④远距离迁移性。POPs可以通过风和水流传播很远的距离。POPs一般是半挥发性物质，在室温下就能挥发进入大气层，因此能从水体或土壤中以蒸气形式进入大气环境或者附在大气中的颗粒物上。由于具有持久性，POPs能够在大气环境中远距离迁移而不会被全部降解，但半挥发性又使其

不会永久停留在大气层中，在一定条件下会沉降下来，然后又在某些条件下挥发。这样的挥发和沉降重复多次就可以导致POPs分散到地球上的各个地方，使其容易从比较暖和的地方迁移到比较冷的地方，因此像北极圈这种远离污染源的地方都发现了POPs污染。

50. POPs有哪些种类?

根据《关于持久性有机污染物的斯德哥尔摩公约》（以下简称《斯德哥尔摩公约》），POPs可以分为3类12种化学物质，包括杀虫剂、杀菌剂、化学品的副产物，具体如下表所示。

名称	主要用途
艾氏剂	有机氯农药，用于防治地下害虫和某些大田、饲料、蔬菜、果实作物害虫，是一种极为有效的触杀和胃毒剂
氯丹	有机氯农药，用于防治高粱、玉米、小麦、大豆及林业苗圃等地下的害虫，是一种具有触杀、胃毒及熏蒸作用的广谱杀虫剂；同时，因具有灭杀白蚁、火蚁的功效也用于建筑基础防腐
滴滴涕	有机氯农药，曾作为防治棉田后期害虫、果树和蔬菜害虫的农业杀虫剂，具有触杀、胃毒作用，目前用于防治蚊蝇传播的疾病
狄氏剂	有机氯农药，用于控制白蚁、纺织品类害虫、森林害虫、棉作物害虫和地下害虫，以及防治热带蚊蝇传播的疾病
异狄氏剂	有机氯农药，是喷洒于棉花和谷物等大田作物叶片的特效杀虫剂
七氯	有机氯农药，用于防治地下害虫、棉花后期害虫及禾木本科作物及牧草害虫，具有杀灭白蚁、火蚁、蝗虫的功效
灭蚁灵	有机氯农药，具有胃毒作用，广泛用于防治白蚁、火蚁等多种蚁类
毒杀芬	有机氯农药，用于棉花、谷物、坚果、蔬菜、林木及牲畜体外寄生虫的防治，具有触杀、胃毒作用
六氯苯	用于种子杀菌、防治麦类黑穗病和土壤消毒，以及有机合成，也是某些化工生产的中间体或副产品
多氯联苯	一组有209种异构体的化学品，用于电力电容器、变压器、胶黏剂、墨汁、油墨、催化剂载体、绝缘电线等；同时，也用于天然及合成橡胶的增塑剂，使胶料具有自黏性和互黏性
二噁英	一组有75种异构体的化学品，是制造氯酚过程中的副产品。一些杀虫剂、除草剂农药中含有二噁英，在固体废物焚烧、汽车排气、煤炭和木材燃烧时也会产生二噁英，氯碱和钢铁工业排气与废渣中也含有二噁英
呋喃	一组有135种异构体的化学品，其产生过程同二噁英

按照《斯德哥尔摩公约》规定，上表中前7种杀虫剂类农药被列为明令禁止继续生产和使用的物质；多氯联苯（PCBs）在2005年被禁用；滴滴涕由于目前在一些贫穷的发展中国家仍是不可替代的杀虫剂，被列为严格限

制使用的物质；六氯苯除了作为农药，还会在一些化工过程中作为副产物产生，因此与非人为故意制造的多氯二苯并二噁英（PCDDs）、多氯二苯并呋喃（PCDFs）一起被列为各国应采取措施控制其在最小范围内的物质。

51. POPs如何污染土壤？

由于人们对POPs类农药的使用，我国土壤有（1.3～1.6）×10^3平方千米被污染。在《斯德哥尔摩公约》中规定的首批12种POPs中，杀虫剂类占绝大多数，也是目前主要的土壤污染物之一。因为杀虫剂类POPs可以在短期内大幅提高粮食产量，于20世纪60年代被广泛应用于农业。与此同时，这类POPs也蕴藏着巨大的危机——进入土壤的POPs如果其数量超过了土壤自然本底含量和土壤自净能力的限度，就会在土壤里累积，使土壤的理化性质发生变化，从而影响作物生长，并使环境激素在作物体内残留或累积。如果进入土壤的环境激素不断增加，土壤结构就会被严重破坏，农作物的产量明显降低，收获作物体内的毒物残留量会增高，以致影响食用安全。

此外，POPs污染土壤还有另外两种方式：一是生产POPs的过程造成的污染，即在生产POPs的过程中形成的“三废”通过不同途径排放到土壤中，致使当下的场地遭受污染；二是POPs在流通过程中造成的土壤污染，即对流通领域中废弃的POPs产品处置不当造成的土壤污染。

52. POPs如何在土壤中迁移转化？

土壤是POPs的主要储存方式之一，土壤和空气的交互作用在POPs的全球循环中起重要作用。

在土壤水环境中，POPs污染物通过物理、化学、生物反应主要分解为三部分：一部分转化或者降解为无害物质，一部分转化为其他相态，还有一部分会长期存在于水环境中并造成污染。POPs污染物的衰减主要受三个因素的影响：环境因素、化学性质、降解者的种类和数量。存留在土壤中一定时间的POPs会被“锁定”，这种现象是指吸附在土壤或者底泥中的污染物只有部分可以通过经典的吸附作用被解析出来，残留的部分很难从环境中解析出来，而是被“锁定”在土壤中。

53. 什么是“蚱蜢跳效应”？

根据Goldberg E.D.最早提出的“全球蒸馏效应”，加拿大科学家Wania F.和Mackay D.成功地解释了POPs从热温带地区向寒冷地区迁移的现象。从全球来看，由于温度的差异，地球就像一个蒸馏装置——在低、中纬度地区，由于温度相对高，POPs挥发进入大气；在寒冷地区，POPs沉降下来，最终导致POPs从热带地区迁移到寒冷地区，这也就是在未使用过POPs的南北极和高寒地区发现POPs存在的原因。因为中纬度地区在温度较高的夏季POPs易于挥发和迁移，而在温度较低的冬季POPs则易于沉降下来，所以POPs在向高纬度迁移的过程中会有一系列距离相对较短的跳跃过程，这种特性又被称为“蚱蜢跳效应”（Grasshopper Effect）。

此外，大气的稀释作用、洋流作用等也会将POPs由释放源带到从未使用过POPs的清洁地区。

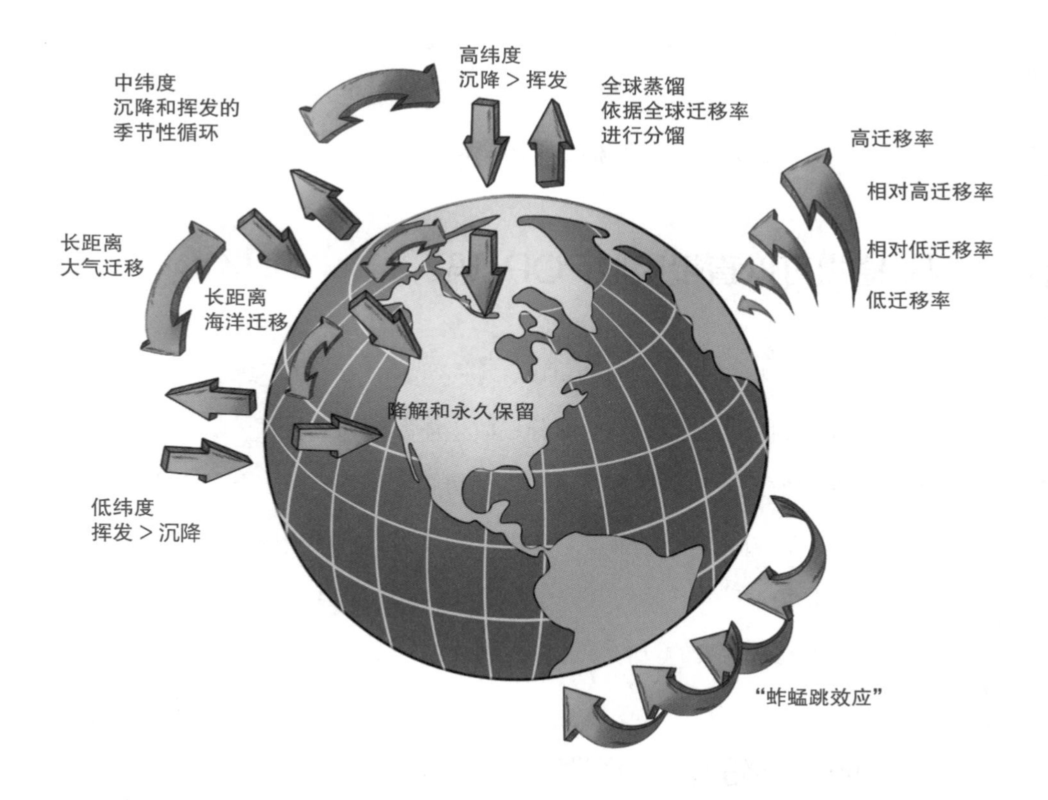

54. POPs污染通过哪些方式对人类健康产生影响？

①**接触及介质传递模式**。土壤污染可以通过有意或无意地摄入、吸入、皮肤接触等方式使土壤中的矿物质及化学、生物成分直接对人体健康造成有益或者有害的影响。例如，土源性蠕虫感染、破伤风和粉尘病等可以通过皮肤接触土壤获得。土壤对人体健康的影响也可以通过间接方式发生，如土壤中的POPs物质挥发后经过大气的“蒸馏效应”对北极原住居民的健康产生影响。

②**食物链模式。**土壤对人类健康的影响主要是通过农产品实现的，植物通过根系从土壤中吸收污染物，然后经由食物链进入人体。此外，还可以通过大气沉降的方式使受污染的多氯联苯进入植物。

55. 植物可以直接吸收POPs吗?

植物可以直接吸取土壤中的POPs，进入植物体内的POPs会在植物根部富集或迁移到植物组织的其他部分，而本体形态、性质却未发生变化。POPs被植物吸收进入体内后有多种去向：植物可将其分解，并通过木质化作用使其成为植物组织的一部分，也可以转化为无毒的中间产物储存在植物体内，或是经过矿化作用将其完全降解成CO_2和H_2O等无机物，从而达到去除环境中的有机污染的目的。

56. 植物分泌的酶如何降解土壤中的POPs?

植物酶对各种杀虫剂等外来POPs在植物细胞中的降解有非常重要的作用。除了分泌的有机化合物能够维持根际微生物的生长和活性外，植物也能够释放一定数量的酶到土壤中。释放到土壤沉积物中的酶的量现在还未研究清楚，但测定到的这些酶的半衰期揭示出，从植物体中分泌出来的酶对土壤中的POPs进行了有效的降解。植物分泌的酶包括漆酶、去卤酶、硝基还原酶等。

但是，酶发挥作用的环境条件要求较高，需要在植物存在的环境下才能发挥有效的降解作用。游离的酶在低pH值、过高污染物浓度或细胞毒素条件下将会失去活性或被破坏。在植物修复过程中，酶在植物组织内或根区附近得到保护，释放到土壤中后其活性可保持几天。

57. 什么是多氯联苯?

多氯联苯（PCBs）又称氯化联苯，是一类性质稳定、具有急性和慢性毒性的典型的POPs。多氯联苯极难溶于水而易溶于脂肪和有机溶剂，并且极难分解，因而能够在生物体脂肪中大量富集。土壤中的多氯联苯主要源自颗粒沉降，少量来自于作肥料用的污泥、填埋场的渗滤液及农药配方中使用的多氯联苯等。据报道，土壤中的多氯联苯含量一般比它上面的空气中的含量要高出10倍以上。若只按挥发损失计算，研究者发现土壤中多氯联苯的半衰期可达10～20年，因而会对土壤环境产生深远的影响。

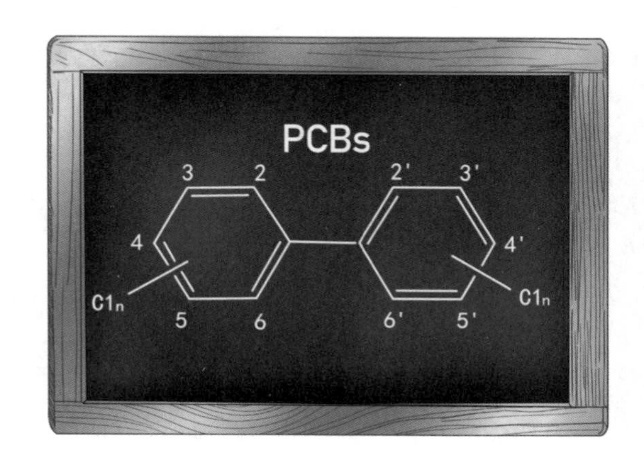

58. 多氯联苯污染有什么危害?

多氯联苯对皮肤、肝脏、胃肠系统、神经系统、生殖系统、免疫系统的病变甚至癌变都有诱导效应。一些多氯联苯同类物会影响哺乳动物和鸟类的繁殖，对人类也具有潜在的致癌性。

多氯联苯作为废弃物被排入环境后，很难被生物分解，一旦进入人体就会聚集在脂肪组织、肝、脑中，并引起皮肤与肝脏损害（黄色肝萎缩症）等中毒症状。1968年，日本曾发生因多氯联苯污染米糠油而造成的有名的公害病——“米糠油事件”。1973年后，各国开始减少或停止生产多氯联苯。

59. 什么是“米糠油事件”？

日本“米糠油事件”是世界八大环境公害事件之一，是由POPs造成的典型污染事件，在当时造成了严重的生命和财产损失，并引发了较大的社会恐慌。

1968年3月，日本的九州、四国等地区的几十万只鸡突然死亡。经调查，发现是饲料中毒，但是由于没弄清楚中毒根源，事情并没有得到进一步的重视和追究。然而当年6—10月，又有4个家庭因患原因不明的皮肤病到九州大学附属医院就诊，患者的初期症状为痤疮样皮疹、指甲发黑、皮肤色素沉着、眼结膜充血等。根据家庭多发性和食用油使用的特点，初步推测与米糠油有关。此后3个月内，又确诊了112个家庭325名患者，之后在全国各地仍不断出现。

经跟踪调查，发现日本九州大牟田市一家粮食加工公司食用油工厂在生产米糠油时，为了降低成本、追求利润，在脱臭过程中使用多氯联苯液体作导热油。因生产管理不善，PCBs混进了米糠油中。受污染的米糠油被销往各地，造成了人员的中毒、生病或死亡。生产米糠油的副产品——

黑油被作为家禽饲料售出，也造成了大量家禽死亡。后来的研究进一步证明，多氯联苯受热生成了毒性更强的PCDFs，后者同样也属于POPs。

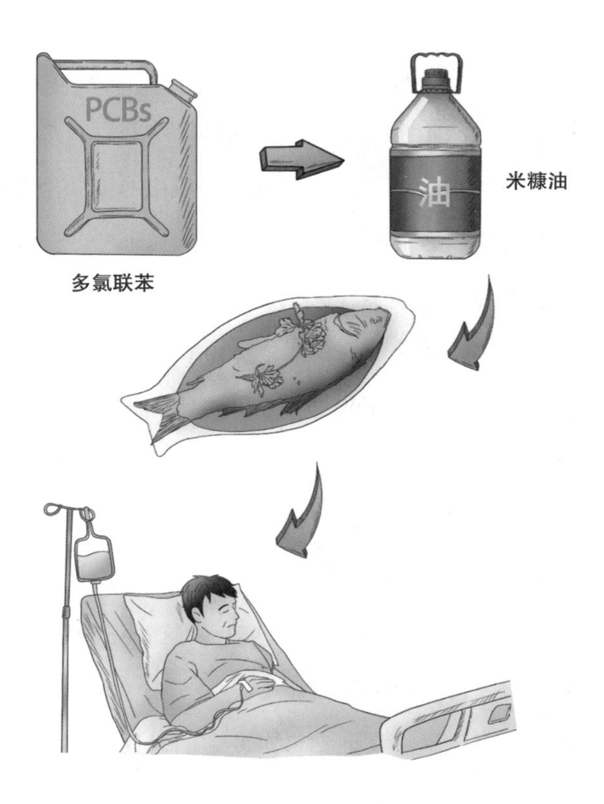

60. 土壤中的多氯联苯有什么分布规律？

土壤像一个大仓库，不断接纳由各种途径输入的多氯联苯，其在不同土壤中的渗滤序列为砂壤土＞粉砂壤土＞粉砂黏壤土。对多氯联苯在土壤中的微观移动起作用的主要是对流，这表明多氯联苯在土壤中的迁移性很弱，所以随着土壤深度的增加，其含量也迅速降低。

61. 多氯联苯有什么处理方法?

多氯联苯的处理方法主要包括掩埋法、微生物去除法、焚烧法、化学法、物理法、植物根际修复法。

①**掩埋法。**该方法是将多氯联苯及其污染物封存在经特殊设计的构筑物内或连同构筑物深埋于地下,也可利用现成山洞或防空洞等经防渗处理后掩埋多氯联苯及其污染物(作为暂时存放)。

②**微生物去除法。**日本学者从土壤中培养出了两种酵母菌:红酵母属菌株和蛇皮癣菌。实验证明,前者可分解40%的多氯联苯,后者可分解30%的多氯联苯,大量培养可以用来处理工业废水和土壤中的多氯联苯。美国学者利用厌氧菌来吞噬多氯联苯,效果较显著。

③**焚烧法。**该方法被认为是目前最好的处理方法,但必须在专用的能彻底分解多氯联苯的高效率焚烧炉中进行,而不能随便焚烧。随意焚烧多氯联苯可能产生毒性更强的PCDDs、PCDFs等物质。为了保证彻底销毁多氯联苯,对焚烧条件要严加控制。

④**化学法。**采用化学法来处理多氯联苯的具体方法已达10种以上,如氯解法、加氢脱氯法、Sunohio法、湿式催化氧化法、金属钠法、Goodyear法、金属钠-聚乙二醇法、臭氧法等,其中有些已有实用装置或工业试验装置,有些在实验室已取得成功。

⑤**物理法。**国外已有微波等离子法、活性炭吸附法、放射线照射法等方法,并投入实际应用。

⑥**植物根际修复法。**这是一个新兴的领域,利用植物与根际微生物的相互作用来降解多氯联苯,效果明显。

第五章

土壤抗生素及其抗性基因与人体健康

62. 什么是抗生素?

抗生素是指由微生物（包括细菌、真菌、放线菌属）或高等动植物在生活过程中所产生的具有抗病原体或其他活性的一类次级代谢产物，是能干扰其他生活细胞发育功能的化学物质。抗生素等抗菌剂的抑菌或杀菌作用主要是针对“细菌有而人（或其他动植物）没有”的机制进行杀伤，包含四大作用机理：抑制细菌细胞壁合成、增强细菌细胞膜通透性、干扰细菌蛋白质合成及抑制细菌核酸复制转录[1]。

63. 抗生素主要有哪几类?

目前，常规的抗生素主要分为磺胺类、四环素类、氟喹诺酮类、大环内酯类、β-内酰胺类（青霉素类、头孢类）、氨基糖苷类和酰胺醇类七类[2]。

64. 土壤中的抗生素如何分布?

土壤与人类的物质生产活动息息相关，也是物质循环和能量流动的重要场所。由于土壤存在颗粒性、黏滞性、吸附性和低扩散性，进入土壤中的抗生素会在土壤中逐渐沉降聚集，导致土壤中出现“假持久性”，即难降解和难流动导致土壤抗生素的半衰期长于正常值[3]。

抗生素分子具有高聚合性和低团粒性，因此相较于传统的农药分子（多为无机物），抗生素分子更容易出现凝聚反应，造成区域性的浓度升高，使土壤表现出一种哑铃形的抗生素浓度分布曲线，即表层土壤拥有高浓度且聚集的抗生素，中层土壤拥有低浓度且分散的抗生素，底层土壤存在大量沉降和附着的抗生素[4]。

65. 为什么说土壤微生物是抗生素的“金矿”？

自从20世纪40年代抗生素问世后，因细菌感染而濒死的病人往往能发生“药到病除，起死回生”的奇迹，抗生素成为庇护生命的“灵丹妙药”。发展至今，名目繁多的抗生素已经是医院、药房乃至家庭常备的药物。

人类第一个使用的抗生素——青霉素是英国亚历山大·佛莱明医师在1928年无意间发现并从青霉菌中提炼出来的，第二个使用的抗生素——链霉素是20世纪40年代美国土壤微生物学家谢尔曼·瓦克斯曼经过精心设计、长期的系统研究从土壤微生物中提炼出来的。瓦克斯曼因此获得了1952年诺贝尔生理学或医学奖，他一生共发现了20多种抗生素，留下了500多篇论文和28部著作，因此被称为“抗生素之父”。

链霉素发现的经验启发人类从土壤微生物中寻找其他的抗生素。科学家们认识到土壤微生物是抗生素的“金矿”，此后开始大规模地筛选抗生素。人类相继从土壤微生物中发现了金霉素（1947年）、氯霉素（1948年）、土霉素（1950年）、制霉菌素（1950年）、红霉素（1952年）、卡那霉素（1958年）等抗生素。

66. 为什么说抗生素从“灵丹妙药”转变为土壤新的污染源?

青霉素在第二次世界大战时期“横空出世”，挽救了大量士兵的生命，同时为人类健康和文明带来了转机。人们从抗生素这个“灵丹妙药”中找到了商机，抗生素也从最开始的微生物分离发展到后来的工业合成，如今抗生素已经是一个数量上达到几千种的“药物家族”。

在发展过程中，人们发现抗生素能促进动物生长，如列德列尔实验室发现喂鸡吃金霉素的培养物，哪怕少到只有体重的百万分之几也能促进其生长。因此，抗生素已经被广泛添加到动物饲料中。

抗生素属于难以降解的物质，抗生素的滥用导致其在环境中尤其是在土壤中的积累。有研究表明，中国地表水中含有68种抗生素，且浓度较高，另外还有90种非抗生素类的医药成分被检出。在珠江三角洲，一些蔬菜基地土壤样本的检测结果显示，部分蔬菜检测出抗生素，部分抗生素含量超过兽药注册技术要求国际协调会（VICH）提出的生态毒害效应触发值。耐药性细菌在土壤中的富集和传播成为土壤生物污染的新问题，可能从动物通过食物链、环境或者动物和人的直接接触进行传递，对公众健康产生严重危害。

67. 抗生素如何影响土壤环境?

自然条件下没有人类活动干扰的土壤应该是偏中性或弱碱性（硅酸盐或硅酸钠导致）的，在水文、天气、土壤微生物和土壤动物生命活动等因素的影响下，土壤生态环境的pH会发生变化。抗生素分子为有机化合物，其自身也会产生各类化学反应，从而影响土壤的酸碱性。同时，土壤内的抗生素会通过影响土壤微生物的生理活动，直接或间接地改变土壤的理化性质。

抗生素若在土壤中长期存在，则会导致整个土壤的微生物生理环境趋向于总体逆性，使整个土壤变成一个“选择性培养基”，处在该培养基中的细菌会在逆性条件的刺激下发生定向的非自然选择性进化，进而导致土壤中出现特异性的抗性细菌。抗性细菌为抵抗环境抗生素的侵蚀，会产生两类免疫反应，即表达并分泌特异性的抗性蛋白或通过定向进化产生相关抗性基因，这些非自然条件下诞生的化合物势必会对环境产生二次污染[5]。

68. 抗生素对土壤伴生生物有什么影响?

抗生素对于原核生物的杀伤性远高于真核生物，其主要通过两种方式影响土壤生物：一是影响下游被捕食的微生物，进而通过食物网影响上游的捕食性土壤动物；二是通过损害与植物根部共生或寄生的微生物类群来影响相关的植物生物。抗生素分子是小分子化合物，在高等植物和高等动物间存在一定的富集作用。例如，高浓度的土霉素聚集会作用于哺乳动物的消化系统，抑制反刍动物瓣胃内生菌，从而影响牲畜的生长，进而影响肉类产品和乳制产品的产量和品质[6]。

69. 抗生素对作物有什么影响?

目前，抗生素对受污染作物生理活动的具体影响缺乏科学性研究。但大量研究表明，在受抗生素污染的土壤上生长的作物，其体内的抗生素浓度在逐年增加，由于植物体内并未产生针对抗生素的独特排出机制或者容纳机制，大量的抗生素分子在植物体内呈游离态存在[7]。抗生素分子的水溶特性会导致其伴随蒸腾作用和内部压流运动迁移到植物体的每个部位[8]，过量的抗生素分子在植物细胞和组织内聚集，势必导致植物细胞环境和周遭组织微型生理环境的变化。

70. 什么是抗生素抗性基因?

抗性基因即具有抗性的遗传因子，是选择基因的一种，属于标记基因。

抗生素抗性基因（ARGs）会使细菌对氨基苄青霉素、氯霉素等抗生素产生抗性。在一个细菌群体中，不是所有的个体都有该基因，因为这种基因往往是通过基因突变产生的，所以基因频率较低。

71. 粪肥施用土壤中的ARGs来自哪里?

粪肥施用土壤中的ARGs主要来源于四个方面：土壤中本底ARGs的存在、动物粪便中的抗生素抗性细菌所携带的ARGs、土壤中的抗生素累积可能导致的由微生物产生的ARGs、粪肥施用后刺激含有ARGs微生物的大量繁殖。

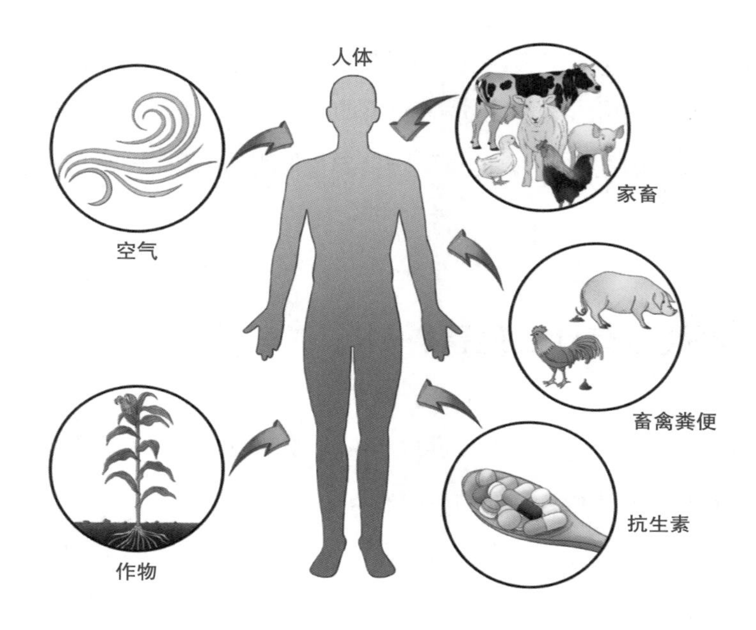

72. 土壤生态系统如何成为ARGs“热区”？

ARGs是一种全球污染物，对公众健康构成潜在风险。抗生素的耐药性在环境细菌中普遍存在。近年来，由于抗生素在人类和牲畜中的过度使用，环境中的ARGs数量和丰度也迅速增加。

已有研究证明，畜禽粪便有机肥的施用导致土壤生态系统成为ARGs传递的“热区”，作为土壤生态系统重要组成部分的土壤动物，如蚯蚓、蜗牛及其他土壤中的小昆虫等，成为ARGs的“隐藏库”。由于畜禽粪便有机肥富含有机物，当其施用至土壤后会吸引土壤动物取食，使土壤动物微生物群中的ARGs更加富集。当前已在土壤动物肠道中检测到了多种抗菌物质和ARGs，表明土壤动物可能有较强的固有耐药性。因而，土壤动物ARGs

已成为土壤生态系统中抗生素耐药性的重要组成部分。

此外，一些土壤动物还是鸟和鱼的理想食物。因此，土壤动物体内ARGs的变化可能会通过食物链影响鸟和鱼体内ARGs的丰度，从而影响人类健康。

73. ARGs有什么危害？

抗生素的滥用会产生大量携带ARGs的微生物。ARGs作为一种新型的环境污染物，在不同环境介质中的转移、传播所造成的危害可能比抗生素本身更大。

ARGs污染的特殊性使其能够在物种间以水平基因转移的方式无限制地传播开来，一旦产生就会在微生物种群中长期存在，低于致死剂量的抗生素基因可能诱导微生物通过突变产生耐药性，即使是低剂量抗生素，若长期作用也能够使细菌产生耐药性。

ARGs还会通过垂直转移进入后代细菌中，导致具有抗性基因的细菌的产生和增殖，改变土壤生态系统微生物结构和群落，破坏土壤生态系统平衡。一旦土著微生物获得抗性基因，因其具有良好的环境适应性，便会以超过亲代菌株的效率来扩散这种抗生素抗性，给土壤生态安全带来更大威胁[9]。

进入土壤中的抗生素会直接影响土壤微生物和酶的活性，损害有益菌。进入土壤中的多种抗生素之间还会产生加和、协同、拮抗等交互作用，对土壤中的植物、动物、微生物产生复合污染毒性效应，导致土壤中多种抗生素的复合污染。

74. 为什么ARGs污染具有较高的风险性？

第一，ARGs污染效应的隐秘性大大增加了其风险的严重性和不可控性。进入土壤中的残留抗生素和ARGs可通过土壤—水—植物体系的迁移分布被植物吸收并进入食物链，在食物链中迁移累积，最后进入人体。植物可以从土壤中吸收多种抗生素，且多种抗生素的毒性不是单一的毒性叠加，而是会诱导产生联合毒性。耐药菌增殖及人与动物耐药性的增强是一个逐渐累积的过程，只有专业的检测才能明确是否存在ARGs污染。

第二，抗生素残留去除技术的不成熟和高成本导致ARGs污染风险的增加。现有的水处理技术尚无法做到对许多抗生素类物质的明显去除。目前的研究结果均表明，污水处理厂的进水、出水及活性污泥中检测到的耐药抗性菌株或抗性基因浓度较高。同时，快速有效去除或降低以养殖场粪污为原料的有机肥料中的抗生素类物质的技术至今仍不够成熟，而常规处理养殖场粪污中抗生素残留方法的时间成本和经济成本均较高，这些都导致有机肥料中抗生素残留水平较高。

75. 应用微生物菌群处理土壤中的抗生素的方法有哪些？

①**堆肥法**。该方法是一种将原生有机质转化为有价值的有机土壤的改良技术，它通过多种微生物的作用将生物残体、粪便和药渣等进行矿质化、腐殖化和无害化，使各种复杂的有机养分转化为可溶性养分和腐殖质，可作为去除动物粪便中抗生素的一种有效方法。堆肥法在20世纪初由

英国农业学家霍华德提出，主要有好氧堆肥和厌氧堆肥两种类型，在不同类型抗生素的降解中均有应用。好氧堆肥是一种通过酶、微生物和氧气的作用降解有机物的过程。厌氧堆肥则是一个发酵的过程，它利用畜禽粪便产生环境友好型能源（沼气），主要由四个阶段组成，即水解、酸生成、乙酰生成和甲烷生成。

②生物电化学系统。该系统由微生物燃料电池（MFCs）和微生物电解细胞（MECs）两部分组成，是一种将微生物代谢和电化学氧化还原反应结合起来、利用电化学性微生物回收能量的装置，被认为是降解污染物的有效替代方法，近年来被应用到抗生素的降解中。

76. 什么因素会影响堆肥法的抗生素清除率?

堆肥法的抗生素清除率受到堆肥底物、温度等多种因素的影响。

①共堆肥：研究人员发现，共堆肥对于抗生素的去除率较高，可能达到90%以上。

②温度、pH：研究人员发现，堆肥的最佳pH在5.5～8.0，高温能有效促进堆肥发酵。

③曝气：过少的曝气会导致厌氧环境，而过多的曝气会导致过早冷却，会破坏适宜的高温条件，从而影响分解速率。

77. 土壤会不会成为抗药性细菌的来源?

一小铲子土壤里蕴藏着丰富的微生物，也就存在一个很大的有助于细菌在恶劣环境生存的基因库。研究发现，土壤中的部分基因能让致病菌获得对抗生素的免疫性。这意味着无害的土壤细菌很有可能就是我们在医院看到的抵抗抗生素作用的细菌源。

数百万年来，生活在土壤里的细菌一直暴露在天然的抗生素下，体内的抗药机制也就在进化中建立起来。许多这种天然的抗生素是市场上销售的抗生素的主要成分。由于细菌会在彼此接触时发生基因交换，所以研究人员推测：找到存在于土壤中的抗性基因，就可能找到微生物致使人体和动物患病的机制。研究人员对11种土壤样品进行了研究，发现110个基因和已知的抵抗抗生素的基因具有明显的相似性，而且其中的18个基因和人体病原体的基因完全相同。基因具有相同的序列说明某一时刻土壤细菌和人体病原体间进行了基因交换。但研究人员仍表示，尽管发现基因很有可能是从土壤转移到人体病原体上的，但不能排除其他方式的存在。

参考文献

[1] 王润玲. 药物化学[M].北京：中国医药科技出版社，2014：295-326.

[2] Witte W. BIOMEDICINE：Medical Consequences of Antibiotic Use in Agriculture[J]. Science，1998，279：996-997.

[3] 吴迎，冯朋雅，李荣，等. 环境抗生素污染的微生物修复进展 [J]. 生物工程学报，2019，35（11）：2133-2150.

[4] Menz J，Olsson O，Kuemmerer K. Antibiotic residues in livestock manure: Does the EU risk assessment sufficiently protect against microbial toxicity and selection of resistant bacteria in the environment? [J]. Journal of Hazardous Materials，2019，379: 120801-120807.

[5] 毛异之，蔡柏岩. 土壤中抗生素污染的时空分布和环境行为研究 [J]. 中国农学通报，2021，37（28）：68-75.

[6] Stewart Philip S，Costertona J William. Antibiotic resistance of bacteria in biofilms [J]. The Lancet，2019，358: 135-138.

[7] Sun H，Zhang Q，Wang R，et al. Resensitizing carbapenem- and colistin- resistant bacteria to antibiotics using auranofin [J]. Nature Communications，2020，11（1）：5263.

[8] Abbaspour A，Zohrabi F，Dorostkar V，et al. Remediation of an oil-contaminated soil by two native plants treated with biochar and mycorrhizae [J]. Journal of Environmental Management，2020，254: 109755.

[9] 刘淑滨，尚晶. 黑土地抗生素抗性基因污染风险及对策 [J]. 浙江农业科学，2019，60（8）：1352-1355.

第六章

土壤生物与人体健康

78. 土壤生物有哪些?

土壤生物主要由土壤动物、微生物、植物三部分组成。

土壤动物包括脊椎动物、节肢动物、环节动物、软体动物。土壤微生物包括细菌、放线菌、真菌、病毒及藻类、地衣、苔藓等。土壤植物包括树木、灌木、藤类、青草、蕨类及绿藻、地衣等生物。

79. 什么是土壤微生物?

土壤微生物是生活在土壤中的细菌、真菌、放线菌、藻类的总称。它是一个数量极为庞大的地球居民，个体微小，一般以微米或毫微米来计算，通常1克土壤中有10^6～10^9个，其种类和数量随成土环境及其土层深度的不同而变化。它们在土壤中进行氧化、硝化、氨化、固氮、硫化等过程，促进土壤有机质的分解和养分的转化。土壤微生物中一般细菌的数量最多，有益的细菌有固氮菌、硝化细菌和腐生细菌，有害的细菌有反硝化细菌等。施用有机肥有益于微生物的生长和繁殖。

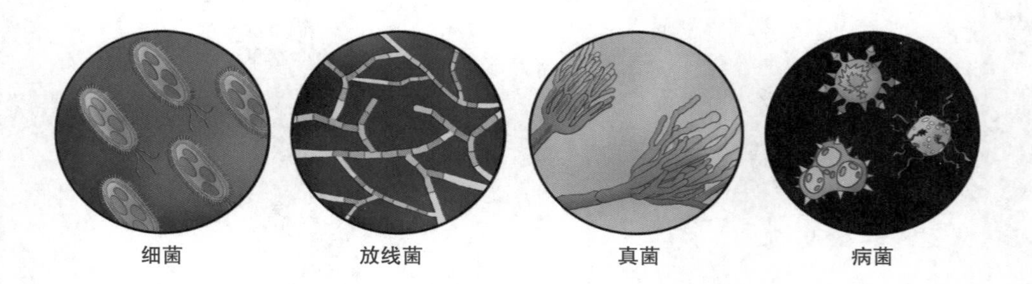

80. 土壤系统的生物复杂性有什么好处?

土壤系统的生物复杂性会影响养分循环、土壤结构形成、虫害循环和分解速率等过程，复杂的土壤系统有以下五项好处。

①**促进营养循环**。生物消耗食物时会产生更多的生物量，并释放废物。对作物生长而言最重要的废物是铵（NH_4^+）。铵和易于利用的营养素被其他生物（包括植物根部）迅速吸收。当存在多种生物时，营养物质可能会在植物可以使用和不能使用的各种形式之间更快、更频繁地循环。

②**营养保持**。除了使植物矿化或释放氮，当植物生长不迅速时，土壤食物网还可以固定或保留氮。与无机硝酸盐（NO_3^-）和铵态氮（NH_4^+）相比，土壤有机质和生物质形式的氮的流动性较小，从根区流失的可能性较小。

③**抑制疾病**。复杂的土壤食物网包含许多生物，它们可能会与引起疾病的生物竞争。这些竞争者会阻止土壤病原体在植物表面形成，阻止病原体获取食物，还会以病原体为食，产生对病原体有毒或抑制病原体的代谢产物。

④**促进污染物的降解**。土壤的重要作用是净化水。复杂的食物网中包含的生物可以在多种环境条件下消耗（降解）多种污染物。

⑤**提高生物多样性**。生物多样性是通过物种总数、物种的相对丰度及生物体的功能团数量来衡量的。食物网的复杂性越高意味着生物多样性就越丰富。

81. 土壤生物在土壤为人类提供营养的过程中有什么贡献?

土壤为人类提供营养的主要有益功能是由土壤生物过程驱动的，这些过程可以总结为三个方面：

●碳（C）是所有土壤生物的核心，因为碳是土壤生物的能量来源，土壤生物又可以通过植物残留物分解等过程将碳转化成不同的形式，这些过程可以调节养分循环和废物处理，以及土壤有机质的合成；

●通过团聚作用和颗粒运输维持土壤的结构和构造（structure and fabric），并在许多空间尺度上形成生物结构和孔隙网络，这对于土壤生境及土壤—水循环的调节和维持植物的有利生根介质至关重要；

●土壤种群的生物调节是生物多样性保护的基础，并可以控制农业重要植物和动物及人类的病虫害。

82. 什么是土壤中的微生物组?

土壤中存在着地球上种类最丰富的微生物群落，如细菌、古菌、真菌、病毒、原生生物及一些微型动物等，这些生物可统称为土壤微生物组。它们在土壤有机质、氮素和磷素等元素循环中起着至关重要的作用，调控着诸多生态过程，如甲烷（CH_4）、氧化亚氮（N_2O）等温室气体的产生与排放，并与土壤健康和作物生产密切相关。

83. 为什么土壤微生物组可以作为土壤健康的关键性评价指标？

随着对土壤微生物组研究的深入，越来越多的研究者认为，土壤健康应主要考虑土壤的微生物组及土壤的生态系统功能，特别是在系统中维持能量流动、物质循环和信息交换的功能。在过去的几十年中，虽然许多科学家陆续提出了众多潜在的土壤生物学指标，但至今仍存在很多争议，尚未形成共识，主要原因是土壤生物学受多种环境因素的影响，如温度、含水量等，变异较大，导致人们很难对生物学指标进行量化。土壤健康的生物学指标应该与生态系统的功能和服务密切相关，具备经济有效性、敏感性和可检测性。在众多生物学指标中，土壤微生物组符合指示土壤健康生物学指标的大多数标准，可以作为土壤健康的重要指标。研究表明，微生物多样性越高的土壤表现出更多的生态功能、更高的抗环境胁迫和作物生产能力。未来还可以通过调控土壤微生物组来提高土壤健康和作物产量，减少农药和肥料的施用，从而降低农业生产过程中资源消耗，缓解环境污染问题，实现农业生产的第二次“绿色革命”。基于以上分析，土壤微生物组可作为土壤健康的关键性评价指标。

84. 土壤微生物组和元素循环有什么关系？

土壤中元素的生物地球化学循环是地球物质循环和流动的重要组成部分，也是维持土壤健康的必要条件。土壤微生物组作为碳、氮、磷和硫等元素循环的驱动者，通过已知和未知的代谢途径影响全球生态系统的服务

功能。

在碳循环方面，研究者证实了稻田生态系统中自养微生物组在固定CO_2、提高有机碳库累积中的关键作用。

在氮循环方面，研究发现原生生物对氮肥施用和季节变化的响应比真菌和细菌更加敏感，证实了原生生物是土壤微生物组中的关键生物类群。

在磷循环方面，微生物生物量磷的形成及磷酸酶对有机磷的水解是土壤有机磷循环的重要途径。研究表明，携带磷循环相关基因的微生物组可以合成释放有机阴离子，促进无机磷的溶解并矿化有机磷；同时，在富磷条件下，通过降低磷饥饿反应基因（phoR）的相对丰度、增加低亲和力无机磷酸盐转运蛋白基因的相对丰度可以增加微生物磷的固定。还有研究证实，长期施用有机肥可通过影响菌根真菌、食真菌原生动物和线虫间的多营养级微生物组相互作用，提高植物磷吸收及作物产量。

此外，铁、硫等是地球圈和生物圈之间动态循环的重要生物元素，参与相关氧化还原的微生物组对整个铁、硫元素循环也有着深远影响。例如，稻田土壤中存在的重要的铁氨氧化过程也是由微生物主导完成的。

85. 土壤微生物组对污染修复有什么作用?

土壤污染，如重金属、抗生素、石油烃和微塑料等污染，对土壤健康造成了严重的威胁。

众所周知，微生物修复是一种利用生物修复污染土壤的经济高效且环境友好的方法，已有多种具备高效生物修复能力的细菌、真菌、藻类等微生物物种被成功用于降低土壤中有毒污染物的毒性。

微生物的生物修复过程主要取决于参与污染物生物降解相关酶的活性，这些酶可将有毒污染物通过生物转化形成无毒或毒性较小的物质。例如，微生物组通过协同作用可有效降低重金属的生物毒性，阻止其向植物进一步转移。在稻田土壤中驱动砷转化的微生物组中，硫还原菌和产甲烷古菌可协同调控水稻土中二甲基砷的积累与降解。此外，在砷污染的稻田土壤中，微生物组驱动的砷氧化耦合硝酸还原过程也是降低砷生物有效性和毒性的重要途径。

然而，由于微生物的生长与土壤pH、温度、氧气、土壤结构、水分和营养水平等条件密切相关，污染场地中土著微生物的种类及功能信息尚不清楚，需要利用微生物组学及模型等手段进一步研究。研究者利用系统进化基因组学、分子钟理论和生物进化模型的方法系统描绘了地球演化历史中微生物对砷毒性的适应过程，探索了生物基因组在解决进化生物学问题中的应用模式，为理解重金属污染环境下的微生物生态学过程提供了重要基础。因此，未来通过对土壤微生物组的深入研究，利用土壤微生物组从污染环境中去除有毒污染物或降低其毒性是保持土壤健康的一种重要生物手段。

86. 什么是土传病害?

土传病害是指病原体（如真菌、细菌、线虫和病毒）随病残体生活在土壤中，条件适宜时从作物根部或茎部侵害作物而引起的病害。侵染病原包括真菌、细菌、放线菌、线虫等，其中以真菌为主，分为非专性寄生与专性寄生两类。非专性寄生是外生的根侵染真菌，专性寄生是植物微管束病原真菌。常见的土传病害有猝倒病、立枯病、疫病、根腐病、枯萎病、黄萎病、菌核病、青枯病、根结线虫病等。根病的严重程度受根端分泌物成分和浓度的影响。因此，抑制根围系统病原物的活动就成为保护根系并进行土传病害防治的基础，但必须重视和考虑土壤理化因素对植物、土壤微生物和根部病原物三者之间相互关系的制约作用。

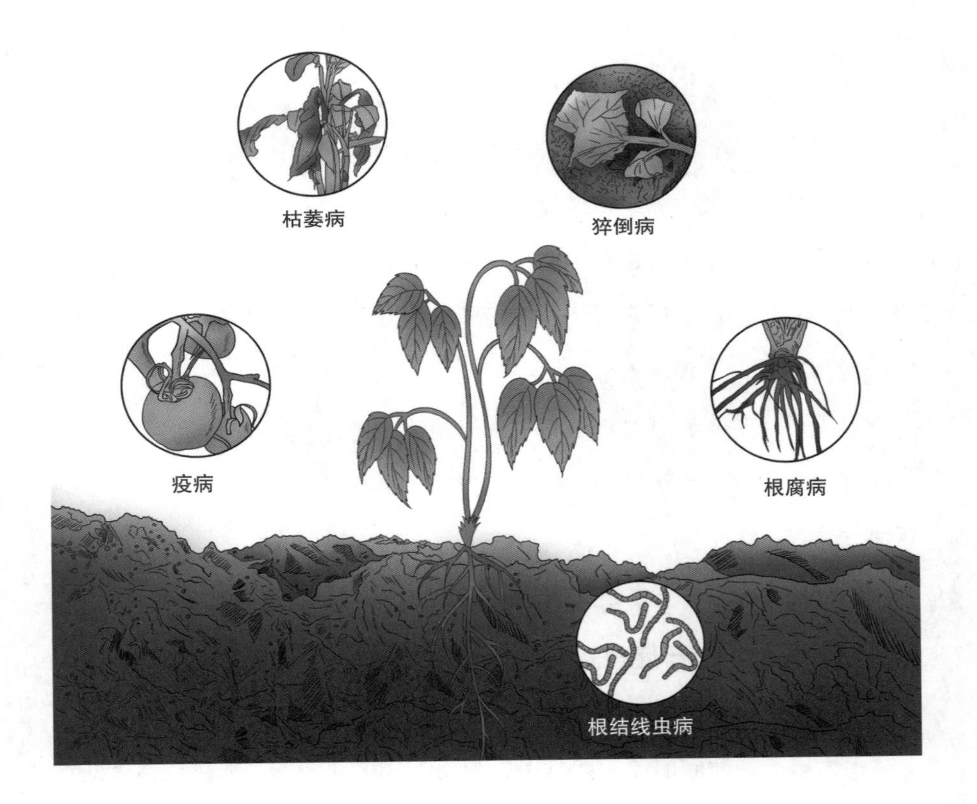

87. 土壤微生物组对土传病害根际免疫有什么作用?

在我国乃至全球范围内土传病害的暴发均非常普遍，如青枯病、根结线虫病、立枯病和根腐病等，严重危害土壤健康和粮食安全生产。

根际土壤微生物组作为抵御病原菌入侵植物根系的第一道防线，能在根际免疫形成和功能方面发挥关键作用。健康的土壤具有多样化的微生物食物网，可通过捕食、竞争和寄生将病原菌控制在较好的水平之内。近期有研究表明，通过适当的方法调控土壤微生物组能够减少土壤病原菌的数量，提升根际免疫，从而减少或抑制病害的发生。例如，噬菌体可通过“专性猎杀”和“精准靶向”来消灭病原菌，降低其生存竞争能力，同时还能够重新调整根际土壤菌群的结构，恢复群落多样性，增加群落中拮抗有益菌的丰度。

根际原生动物群落与细菌群落的相互作用在保护作物健康方面也能发挥重要作用。原生动物一方面可以直接捕食根际土壤中的病原菌，从而抑制土传病害的发生；另一方面对细菌群落的捕食具有高度的选择性，即偏向捕食不能产生抑菌物质或者产生抑菌物质能力弱的细菌种群，这样保留下来的产抑菌物质能力强的细菌群落可以有效抵御其他病原菌的入侵。

88. 土壤微生物对轮作和单作的影响差别在哪里?

土壤微生物是检验土壤健康与否的动态的“晴雨表”。它们负责将大气中的氮转化为植物可以使用的形式，并负责将氮释放回空气中。

研究者从微生物水平上证明了大豆—玉米轮作有助于土壤健康。伊利诺伊大学的研究人员利用一项20年的田间试验证明了连续的玉米单作会导致土壤健康状况恶化。为了保持连续玉米的产量水平，需要更多的无机氮，从而加剧了氮循环，造成了危险的循环，结果是土壤酸化、氮损失和有害的氧化亚氮排放的潜在增加。研究人员发现，用大豆和玉米轮作一年或更长时间就可以减轻这种影响。伊利诺伊州的作物科学家在试验场种植了玉米和大豆，其中一些田地连续种植玉米，另一些田地连续种植大豆，其他田地每年进行轮作。试验结果显示，连续种植玉米增加了土壤有机质和酸度，并导致参与硝化作用和反硝化作用的微生物数量增加；连续种植大豆则出现了相反的模式；玉米—大豆轮作获得了中间结果。因此，从微生物水平上证明了大豆—玉米轮作有助于土壤健康。

89. 什么是土壤生物污染?

土壤生物污染是指病原体和带病的有害生物种群从外界侵入土壤，破坏了土壤生态系统的平衡，引起土壤质量下降的现象。有害生物种群的来源是施肥用的未经处理的人畜粪便、生活污水、垃圾、含有病原体的医疗废水和工业废水（作农田灌溉或作为底泥施肥），以及处理不当的病畜尸体等。通过上述主要途径把含有大量传染性的细菌、病毒、虫卵带入土壤，引起植物体各种细菌性病原体病害，进而引起人体患有各种细菌性和病毒性的疾病，威胁人类生存。

90. 什么是土壤致病微生物?

土壤微生物的种类很多，有细菌、真菌、放线菌、藻类和原生动物等。土壤微生物的数量也很大，土壤越肥沃，微生物越多。绝大多数土壤微生物对人类的生产和生活活动是有益的，且土壤微生物也是地球生物圈物质大循环中的主要成员，主要担负着分解者的任务。土壤致病微生物虽然数量和种类占据少数，但是它们对人类的健康会造成很大危害，所以往往是土壤生物污染关注的焦点。这类生物污染物包括细菌、真菌、病毒、螺旋体等微生物，其中的致病细菌和病毒带来的危害较大。

致病细菌包括来自粪便、城市生活污水和医疗废水的沙门氏菌属、志贺氏菌属、芽孢杆菌属、拟杆菌属、梭菌属、假单胞杆菌属、丝杆菌属、链球菌属、分枝杆菌属细菌，以及随患病动物的排泄物、分泌物或其尸体进入土壤而传播炭疽、破伤风、恶性水肿、丹毒等疾病的病原菌。土壤中的致病真菌主要有皮肤癣菌（包括毛癣菌属、小孢子菌属和表皮癣菌属）及球孢子菌。土壤致病病毒主要有传染性肝炎病毒、脊髓灰质炎病毒、致肠细胞病变人孤儿病毒和柯萨奇病毒等。

91. 土壤中的寄生虫有哪些?

寄生虫的种类很多，其中土壤中的寄生虫主要包括原虫和蠕虫。寄生原虫是单细胞真核生物，包括鞭毛虫、阿米巴、纤毛虫和孢子虫。寄生蠕虫是动物界中环节动物门、扁形动物门、线形动物门和棘头动物门所属的各种自由生活和寄生生活的动物，习惯上统称为蠕虫，包括吸虫、绦虫、

线虫和棘头虫。土壤中常见的蛔虫、钩虫属于线虫。

92. 土壤生物污染有什么危害?

土壤生物污染会引起植物病害，造成农作物减产。一些植物致病菌污染土壤后能引起茄子、马铃薯和烟草等百余种植物的青枯病，能造成果树细菌性溃疡和根癌。某些真菌会引起大白菜、油菜和萝卜等100多种蔬菜烂根，还可导致玉米、小麦和谷子等粮食作物的黑穗病。还有一些线虫可经土壤侵入植物根部并引起线虫病，甚至在土壤中传播植物病毒。

土壤中的各种病原微生物和寄生虫不仅可以通过食物链进入人体，使人感染发病，还可直接通过皮肤接触由土壤进入人体，危害人体健康。被病原体（包括细菌、放线菌、真菌）污染的土壤能传播伤寒、副伤寒、痢疾和病毒性肝炎等疾病。某些寄生虫卵在温暖潮湿的土壤中经过几天可孵育出感染性幼虫，然后再通过皮肤接触进入人体，尤其是从伤口进入，从而导致继发性疾病。

93. 如何防治土壤生物污染?

①**加强污染源管理**。对粪便、垃圾和生活污水进行无害化处理是切断土壤生物污染的重要途径。通过采用辐射杀菌、高温堆肥及好氧微生物发酵等方法对垃圾进行处理，采用密封发酵法、药物灭卵法和沼气发酵法等无害化灭菌法处理粪肥，可消灭致病菌和寄生虫卵。生活污水消毒方法主要以氯消毒、臭氧消毒和紫外线消毒为主。要合理使用粪肥，科学污水

灌溉，特别要防止医疗废水直接流入土壤，并要及时监测和控制灌溉水质量。此外，还要对感染动物加强管理。

②**对污染土壤进行末端治理**。加强地表覆盖可抑制扬尘，切断致病微生物的空中传播途径，还可以直接对土壤施药灭菌和消毒。近年来人们还运用微生物或植物进行生物防治，消灭土壤病原微生物。改变土壤的理化性质和水分条件也可以控制土壤病原微生物的传播。

94. 什么是土壤食物网?

土壤食物网是指不同功能土壤生物类群之间形成的消费者—资源关系的网络，包括腐食和捕食两种类型食物链，是植物残体、腐烂根、死亡微生物、根分泌物和动物粪便形成的土壤有机质，细菌和真菌则是有机质的最初消费者。氮、磷等营养元素矿质化过程既有微生物参与，又有取食微生物和其他生物的捕食者参与。由分解者释放的矿质营养被植物吸收，也被微生物吸收并生产出自身新的生物量，因此营养是通过生态系统循环而流动。

95. 土壤食物网结构有什么意义?

食物网的结构是土壤系统中生物的组成和相对数量。每种类型的生态系统都有其独特的食物网结构。食物网结构的功能如下：

①**真菌与细菌的比例是区分系统类型的特征之一**。草原和农业土壤通常具有以细菌为主的食物网，也就是说大多数生物量（biomass）都是以细

菌的形式存在的。高生产力的农业土壤中真菌和细菌生物量的比例往往接近1∶1或更低。森林往往有以真菌为主的食物网。在落叶林中，真菌与细菌生物量的比例可以为5∶1～10∶1，而在针叶林中，真菌与细菌的生物量之比可以为100∶1～1000∶1。

②**生物体组成反映其食物来源。**例如，在细菌丰富的地方，原生动物很丰富；在细菌主导于真菌的地方，吃细菌的线虫比吃真菌的线虫要多。

③**食物网结构的变化可能表示管理措施的改变。**例如，在耕种减少的农业系统中，真菌与细菌的占比随时间而增加，并且蚯蚓和节肢动物变得更丰富。